59가지

입맛 돋우는 반찬으로, 건강 지키는 보약으로 야생초 보고서

오갈피나무 135P ⬆

두릅나무 63P ⬆

뜰엉겅퀴 72P ⬆

둥글레 65P ⬆

삽주 114P ⬆

쑥부쟁이 131P ⬆

범의귀 100P ⬆

머위 78P ⬆

까마귀머루 44P ⬆

개옥잠화 36P ⬆

원추리 142P ⬆

예덕나무 133P ⬆

뽕나무 108P ⬇

닭의장풀 52P ⬆

질경이 167P ⬆

청미래덩굴 175P ⬆

이질풀 151P ⬆

미나리 87P ⬆

구기자나무 41P ⬆

명아주 84P ⬆

익모초 148P ⬆

쇠비름 119P ⬆

괭이밥 38P ⬆

메꽃 81P ⬆

도라지 61P ⬆

칡 178P ⬆

싸리
○ 126P

참마
○ 172P

향수란
○ 188P

우슬 139P ⬆

으름덩굴꽃 145P ⬆

쥐참외 164P ⬆

털머위 181P ⬆

뱀밥 98P ⬆

명아주 84P ⬆

달래 무침 50P ⬆

도라지 무침 61P ⬆

미나리(이소배말이) 87P ⬆

둥글레차 65P ⬆

구기자차 41P ⬆

참마즙 172P ⬆

59가지

입맛 돋우는 **반찬**으로, 건강 지키는 **보약**으로 야생초 보고서

과학 만능의 시대에 사는 현대인은 자신의 건강을 유지하고 활기에 찬 생활을 영위하기 위해 어떠한 처방을 내리고 있으며 어떻게 대처하고 있는가?

물질문명의 발달로 쏟아져 나오는 영양 촉진제와 여러 가지 동·식물로 제조한 인스턴트 영양제가 많이 제조되어 시중에서 판매되고 있는 현실이지만 생활 공해 속에서 살아가는 현대인의 건강 유지에는 이것만으로 충분한 처방이 될 수 없다. 이러한 가운데 사람들은 건강 유지를 위해 갖가지 필요한 수단과 방법을 쓰고 있지만 무엇보다도 지구상에 자연 자생하고 있는 녹색 식물이 함유하고 있는 생약의 효능이야말로 인체에 큰 도움을 주는 원료로 사용될 수 있다는 사실이다. 흔히 우리들 주변의 야산이나 들에서 채취할 수 있는 식물 중에는 인간에게 약용이나 식용으로 좋은 효능을 지닌 식물이 많다. 그러나 반면 인체에 해를 주는 독성을 지닌 식물도 있기 때문에 세밀한 연구 분석으로 분류되고 있으며 또한 식이요법이나 민간 약초로서 인간의 건강과 치료에 도움을 주는 야생초의 성분 분석에 지대한 관심을 가지고 연구를 거듭하여 그 효능이 하나하나 밝혀지고 있다. 산이나 들에서 흔히 볼 수 있고 손쉽게 구할 수 있는 야생초나 야채들이 의약 치료제나 식품 원료로 이용될 수 있다는 사실은 반가운 일이다.

머리말

이러한 야생초들이 점차 사람들에 의해 밭에서 재배하는 데 관심이 늘어나고 있는 추세다.

이 책에서는 우리들이 흔히 산에서나 들에서 손쉽게 구할 수 있고 생약에도 효능이 있으며 식품으로서도 이용할 수 있는 59여종에 달하는 야생초를 종류별로 성분 분석하여 약으로서의 사용법과 식품으로서의 요리 방법 등을 자세히 다루고 있다.

사람들의 식생활에서 이제는 동물성보다는 식물성으로 기호가 바뀌는 추세에서 자연 식품을 채취하여 인간의 건강과 질병 치료에 이용한다는 것은 매우 중요한 일이다.

이 책은 일본 자연의학회의 연구결과를 밝힌 책을 편역한 것으로 고갈되고 있는 대자연의 식품 자원을 개발하여 국민 건강과 질병 치료에 도움을 주고자 하는 바다.

1990년 5월

수정증보판
출간을 즈음하여...

요즘처럼 '자연' 과 '건강' 이라는 단어가 사람들의 화두에 자주 오르내린 적이 또 있을까?
답답한 회색 도시에 살면서도 늘 마음 한 구석엔 푸르름이 넘실거리는 대자연을 품고 사는 도시인들.
그래서 틈만나면 가까운 자연을 찾아 도시를 빠져나가려는 인파들로 도로는 몸살을 앓기도 하고 사람들은 그렇게 찾아간 자연에서 건강한 삶의 에너지를 되찾으려 하기도 한다.

여지껏 우리는 인공적이고 화학적인 약품에 의해 즉흥적인 치료에만 익숙해져 감기에 걸리기라도 하면 반드시 약을 먹어야 할 것같은 그래서 약의 오남용을 방치하며 살아왔다.
그러나 더 이상 인위적인 약품에 건강을 맡길 수 없다는 생각이 커져가면서 자연에서 얻을 수 있는 대체원료를 찾기 시작했고 시대적 이슈로 떠오른 '자연'과 '건강'에 부합하고 생약의 효능이 뛰어난 야생초에 관심을 기울이기 시작했다.

"알면 사랑하게 되고 사랑하게 되면 보아나니 그때 보이는 것은 전과 같지 않다."
산과 들에 아무렇게나 피어있는 꽃과 풀, 즉 야생초를 이처럼 잘 표현한 말이 있을까?
너무나 흔해서 눈에 띄지도 않던 야생초에 대해 알게 되면 야생초의 다양한 쓰임새에 놀라게 되고 그것에 또한 야생초를 더욱 사랑하게 된다.

〈식용 약용 야생초〉라는 제목으로 책이 출간된지도 벌써 10년이 넘었다.

그동안 사람들의 관심밖으로 밀려나서 그야말로 잡초 취급을 받아온 야생초가 식용으로서, 약용으로서 얼마나 유용하게 쓰이는가를 소개한 이 책은 10년이란 세월 속에서도 독자들의 꾸준한 지지를 받아왔다.

따라서 이번에 기존의 내용을 좀더 쉽게 풀어쓰면서 야생초에 대한 여러 가지 유익한 정보와 야생초에 관한 에세이의 내용을 첨가한 〈59가지 야생초 보고서〉로 재출간하게 되었다.

모쪼록 새로 출간된 〈59가지 야생초 보고서〉를 통해 스스로 야생초를 채취하면서 자연이 주는 신비한 행복도 느끼고 가족들의 건강과 풍성한 식탁도 꾸며 보고 또한 손쉽게 키울 수 있는 야생초 몇 가지를 가까이에 두고 정성껏 키워 보기 바란다.

2003년 12월
오성출판사 편집부

야생초 가이드

쓰임새 다양한 봄 · 여름 · 가을 야생초

목차

야생초 가이드

야생초라는 것은?

야생초라는 것은 어떤 것일까?
야생초라는 것은 들에서 나는 풀, 즉 사람이 사는 마을을 떠나서 초원이나 산지에서 나서 자라고 있는 풀을 가리킨다.

인간이 사는 환경에 특히 공해에 대단히 약한 식물들이다. 한편 인간에게 밟혀도, 뽑혀져도 계속해서 피어나는 질경이, 닭의장풀, 쇠비름, 메꽃, 괭이밥 등의 풀은 인간들이 사는 장소를 대단히 좋아해서 밭이나 길가에 피어서, 점점 수가 넓게 번져가고 있다. 이와 같은 식물은 잡초라고 부르며 이것은 인간이 만들기 시작한 환경에 친숙해져 강한 생명력을 가진 풀이 되어 버렸다. 한 가지 더 '산채' 라는 것이 있는데 이것은 인간이 밭에서 재배하는 야채에 반하여, 야산에서 나고 있는 식물 중에 특히 맛있게 먹을 수 있는 것 즉, 고급스런 식용 야채를 말한다.

사람이 사는 마을에서 비교적 가까운 곳에서 채취할 수 있는 것으로는 달래, 머위, 네덜란드겨자, 미나리 등이 있고, 산 속에서 자라는 것으로는 섬대(뿌리 근처가 굽은 작은 대나무로 지팡이나 세공물로 쓰고 筍(순)은 식용한다), 쐐기풀, 수행자마늘, 두릅나무, 밀나무 등을 들 수 있다. 이 책에서는 이러한 산채도 '야생초' 속에 넣어 설명하기로 하겠다.

그리고 이러한 야생초에는 산채 외에도 맛있게 먹을 수 있는 것들이 많이 있으며 사람들의 몸에 매우 효과가 있는 약이 되는 풀이 많이 있다.

예를 들면 삼백초라는 풀은 여러분도 다 잘 알고 있겠지만, 꽃은 청초하지만, 무엇보다도 잎에서 고약한 냄새가 나기 때문에 사람들이 그다지 좋아하지 않는 풀이다.

그러나 이것을 튀겨 먹어 보면, 놀랄만한 맛이 난다. 고약한 냄새도 완전히 없어져버린다. 또, 종기(부스럼) 때문에 애를 먹는 사람은 이 잎을 불에 쬐어서 환부에 붙이면 아픔이 가시고, 고름이 나온다. 잎에서 나오는 즙은 무좀이나 개선충(옴벌레)에 대단한 효과가 있고, 잎과 줄기를 달여서 마셔보면 임질이나 매독에 효과가 있다. 축농증으로 시달리는 사람은 소금을 묻힌 잎을 코에 대고 20~30분 들이 마신 뒤 코를 풀면 고름이 나온다. 이와 같이 조리 방법의 한 가지로 '허, 이런 거구나!' 라고 생각될 정도로 맛있게 먹을 수 있고, 약으로도 이용 가치가 매우 높은 야생초를 59종 정도로 분류해 보았다. 저목(작은 나무)·고목(큰 나무)도 약간 포함되어 있다. 모든 야생초가 사람들 매우 가까이에 있다. 도시에서 살고 있는 사람이라도 시가지를 한 번 산책해 보면 대부분이 금방 눈에 뜨인다. 휴일같은 날 일가족이 모여서 야유회를 겸하여, 야생초를 캐러 나가 보아라. 그러면 자연과 친숙해짐은 물론, 이것이 현대 생활 속에서 쌓인 스트레스를 풀어 주고 건강한 생활을 영위할 수 있게 해 준다. 여러 가지 야생초가 다양한 모습으로 나서 자라고 있는 것을 보면 식물에 대해 흥미를 가져보기도 하고, 불가사의한 생명력에 의문을 느껴보는 사람도 반드시 있을 것이다. 태양빛을 마음껏 받아서 왕성하게 자란 야생초는 우리들의 신체를 만드는 미네랄과 생성된 효소의 보고인 야생초를 축적해 나갈 것이다. 그리고 그 야생초는 맛있게 먹을 수 있고, 또 몸 어느 것이라도 아픈 곳이면 야생초로써 치료가 가능하다.

더할 나위 없이 좋은 식생활 환경

일본은 우리나라와 기후가 흡사하여 4계절의 변화가 분명하고, 그 각각의 계절마다 사람들의 체질을 개선해 주는 음식이 등장한다. 봄에는 비타민·효소·미네랄 등을 충분히 포함하고 있는 녹색이 일제히 싹터서 이것이 겨울 동안에 우리들의 체내에 축적되어 있던 노폐물을 체외로 배출시켜 준다. 또, 기초대사가 적어지는 여름에는 열량도 낮고 다소라도 몸을 식히고, 수분·미네랄 등도 보급시켜 주는 수

박·배·오이·토마토·피망 등의 과일·채소가 주변에 있고, 가을에는 몸을 따뜻하게 해 주고 겨울의 추위에 견딜 수 있도록 지방이 풍부한 현미, 콩, 팥, 참깨, 호두 등을 자연이 제공해 주며, 다시 겨울이 되면 저장할 수 있는 곡물이나 나무의 열매, 당근, 우엉, 연근 등 뿌리채소류를 먹을 수 있게 해 준다. 한국 사람이나 일본인은 본래 이와 같이 더할 나위 없이 좋은 환경 속에서 곡식·채식을 중심으로 한 식생활을 계속 영위해 왔기 때문에 그것이 한국 사람이나 일본인에게 가장 적합한 것이다라는 것을 우선 확실히 말해 줄 필요가 있을 것 같다.

야생초와 야채를 비교해 보면

(농약과 화학 비료로 재배된 야채)

사람들에게는 곡식·채식이 가장 좋은 것이라고 생각한다. 한편, 한국 사람이나 일본인이 가장 많이 먹고 있는 곡물이라고 하면 역시 쌀일 것이다. 쌀은 대체로 배아가 떨어진 백미다. 이래서는 안된다. 배아에는 인간의 건강에 중요한 없어서는 안될 성분이 포함되어 있다. 될 수 있는 한 정미하지 않은 현미를 먹어야 한다.

그러면 우리들이 요즘 먹고 있는 야채는 어떤 것인가. 야채가게에서 팔고 있는 야채와 과일은 거의 모두가 농약과 화학비료를 듬뿍 받으며, 온실이나 비닐하우스 속에서 자연의 환경 변화에는 아랑곳 하지 않고 자란 것이다. 미처 영글기도 전에 수확되어져 포장된 상태에서 익기 때문에 감칠맛 없는 토마토나 보기에는 좋지만 맛은 없는 오이 그리고 비닐하우스에서 촉성재배되기 때문에 제맛이 나지 않는 딸기 등은 그럼에도 불구하고 사철 언제나 잘 팔리고 있다.

이러한 야채와 과일 재배에 사용되고 있는 농약·화학비료는 인체에 대단히 해로울 뿐만 아니라 인간에게 있어서 필수불가결한 미네랄·비타민 등의 부족을 가져 오는가 하면, 어떤 때는 불균형 현상을 초래하기도 한다.

대자연의 은혜, 야생초

이러한 야채에 비해서 야생초는 어떤 특징이 있는가! 야생초는 보통의 야채와 비교해서 상당히 강한 생명력을 갖고 있다. 밭에서 재배되는 야채는 농약과 화학비료를 사용하고 있기에 외관은 크고 훌륭하게 보일지 모르지만, 질은 수분이 많고 단단하지 못하다.

그러나 야생초는 자연의 대지에서 생겨나고 흙으로부터 미네랄 등의 지양분을 듬뿍 섭취하며, 햇빛과 대기의 에너지를 충분히 받으며 자라고 있다. 대다수의 야생초는 황무지나 척박한 땅에서 비바람을 맞으면서 자라고 있지만 식물이라는 생명체에 있어서 그 악조건은 오히려 좋은 조건이 되는 것이다. 그 이유는 역경에도 불구하고 끊임없이 번식해 나가는 동안에 야생초의 세포 움직임은 탄력성을 풍부하게 한다. 또한 생명력을 강하게 하고, 환경에 대한 적응력을 높이고 있기 때문이다.

보통의 야채를 땅에서 수확하여 방치해 두면 일주일이 채 되기도 전에 부패하고 시들시들해져 버리지만 야생초는 지상에 오래 방치해 두어도 어느 정도 습기만 있는 곳이라면 공기 중의 수분을 흡수하여 상당히 오랜 기간 싱싱함을 유지함은 물론 새싹조차 나올 정도다.

이처럼 강한 생명력이 있는 야생초를 먹으면 그 훌륭한 성분과 약효가 몸의 저항력을 강하게 하고 생리기능을 정상화시켜 준다.

다시 말하면 야생초에 풍부하게 함유되어 있는 효소, 비타민, 미네랄, 엽록소 등의 성분이 혈액을 정화시키고, 신체 내에서 쌓여있는 노폐물의 배설을 촉진시킴과 동시에 사포닌이라든가, 유화알루미늄 또는 게르마늄 등의 특수한 성분이 여러 가지 질병 증상을 해소시켜 주는 것이다. 대자연의 은혜 – 그것을 절실히 느끼게 해 주는 것이 바로 야생초인 것이다.

야생초의 생명력의 비밀은 이것이다

사람들에게 마구 짓밟히더라도 강인한 생명력을 보존하고 있는 질경이와 살을 에는 듯한 한겨울의 추위 속에서도 파란 새싹이 돋는 구기자나무의 왕성한 생명력은 도대체 어디에서 오는 것일까?

그 비밀은 야생초가 살아있는 효소 · 미네랄 · 비타민 · 엽록소 등을 다량 함유하고 있기 때문이다. 밭이나 온실에서 자란 야채는 여러 가지 공해물질이나 화학비료, 농약 등으로 인하여 극심하게 미네랄이 부족한 토양에서 자라고 있다. 또 그 토양은 특히 농약의 사용으로 인하여 식물이 사람에 있어 유익한 역할을 하는 미생물의 활동을 억제시켜서 많은 손실을 가져옴은 물론, 자연의 생태계를 파괴하는 이른바 '죽은 토양'이 되어간다. 야채는 이러한 토양에서 충분한 자양분을 섭취하지 못하기에 일반적으로 효소 · 비타민 · 미네랄 · 엽록소 등의 역할을 잠깐 살펴 보자.

효소의 역할

효소라는 것은 동식물의 세포 혹은 세균의 균체 속에서 유출해 낸 촉매작용을 하는 고분자 물질이라 한다. 인체내에서의 효소 작용은 인간의 타액(침) · 위액과 같은 소화액 속에 들어 있어서, 음식물을 소화해 내는 작용을 하고 있으며 또 감주가 만들어지는 원리를 살펴보면, 누룩 속에 있는 아밀라제라는 효소가 작용하여 쌀의 전분을 당분으로 변화시키는 것이다. 이러한 효소의 작용을 촉매작용이라고 부른다.

인간을 위시하여 공기와 물 속의 효소를 호흡하며 살고 있는 생물은, 그 효소에 의해서 하등의 물질을 산화시키고 산화할 때 나오는 에너지를 갖고 생활하고 있다. 그 산화반응(=호흡현상)도 또 그때 얻어지는 에너지를 이용해서 생물체내의 여러 가지 물질을 만들어 내는 화학변화도 거의 모두가 그 생물체 속에 있는 효소의 작용에 의하는 것이다. 생물이 행하는 모든 변화는 사실상 모두가 이 효소의 작용에 의한 것이라 말해도 좋을 것이다.

이 효소는 단백질을 주원료로 하고 있는 고분자물질인데, 현재까지 알려진 바로는 약 2천 종류가 있다고 한다. 18세기 이후 계속되어 온 연구결과에 의하면 생물체의 극히 단순한 생명현상도 종국에 가서는 복잡미묘하게 얽혀져 있는 무수한 효소의 화학변화의 연쇄라는 것이 명확해져 가고 있다.

그러므로 이처럼 다양한 효소가 우리들 몸 전체의 조직기관에서 충분한 활동을 할 수 있게 된다면, 우리들은 건강을 오래도록 유지하며 살 수 있을 것이다. 그러나 반대로 효소가 감소되고 활동력이 저하되어 버리면, 우리들 신체내에서 여러 가지 장해가 생길 것이다. 예를 들면 효소 부족 현상이 암을 유발하는 한 원인이 된다라는 것은 거의 확실한 기정 사실로 알려지고 있다. 세포학자 R.A. 호르만 박사는 "체내 효소인 카타르제가 줄고 약해짐에 의해서 암이 발생한다."라고 말하고 있다.

이것은 정상적인 세포라면 없을 리가 없는 효소를 세포에 에너지를 주는 작용을 하는 카타르제가 감소되면 그 세포가 효소를 거부하게 되어 결국은 그 세포가 암세포로 변해버리기 때문이다. 요즘 일본인들이 심신이 허약해지고 만성병에 시달리고 있는 것은 여러 가지 공해물질이나 식품첨가물·농약·화학비료 등이 체내를 오염시키고 또 동물성 단백질이나 백설탕 등의 과다한 섭취로 인하여 체내 효소의 활성을 극도로 저하시키고 있기 때문이다. 이 효소를 외부로부터 보충시켜 주면 장내 소화물의 부패는 방지시킬 수 있고, 혈액의 오염은 급속히 정화될 수 있으며 기초적인 체력이 훨씬 증강되는 것이 두드러지는 특징이다.

미네랄과 비타민의 역할

 인간의 몸을 구성하는 원소에는 효소·탄소·수소·질소가 주요한 4원소이며, 이것이 몸 전체 질량의 96%를 차지하고 있다.

이 4원소는 단백질이나 지방을 구성하고 있는 원소이기에 우리들 몸에 꼭 있어야 할 것임에는 두말할 필요도 없으며, 그 외에도 칼슘·인·유황나트륨·염소·마그네슘·철분·동·망간·요오드·아연·코발트·게르마늄 등 인간의 생명을 유지해 나가는데 필수 불가결한 원소가 존재한다. 이러한 것들을 미네랄이라든가 무기질이라 부르며 혹은 재라고도 부른다.

예를 들어 칼슘이나 인은 골격 치아의 대단히 중요한 성분이 되며 나트륨, 염소는 체내 혈액이나 림프액의 일정한 농도를 유지하게 해 주므로 이것이 체내에서 없어져 버리면 혈압이 떨어지고 경련을 일으키기도 한다.

① 철 : 적혈구의 성분인 헤모글로빈의 주요한 구성원소로서 이것이 모자라면 빈혈이 일어난다.

② 동 : 헤모글로빈이 만들어질 때 필요한 것이다.

③ 망간 : 생식기능과 관계가 있다.

④ 아연 : 인슐린이라는 췌장 호르몬이나 어떤 효소가 합성될 때 없어서는 안될 효소다. 한국 인삼이 효과가 있는 것은 거기에 함유되어 있는 '유기게르마늄' 때문이라고 알려져 있다.

이와 같이 중요한 작용을 하고 있는 미네랄은 일단, 식물 속에서 채취하며 소위 유기미네랄로 변화할 때 비로소 우리들 몸에 완전히 흡수되는 것이다. 그리고 그 유기미네랄이 체내에서 활성화되어 이온상태가 될 때 비로소 그 효과를 발휘할 수 있는 것이다. 비타민도 미네랄과 마찬가지로 인간의 생리적 기능에 없어서는 안될 조성 성분이다. 그렇기 때문에 이 비타민이 부족하면 여러 가지 병이 생기고 건강에 해를 끼친다. 비타민에는 많은 종류가 있는데 그 모든 비타민이 극소량이나마 체내에서는 대단히 유효한 것들이다. 주요한 것으로는 비타민 $A \cdot B_1 \cdot B_2 \cdot B_6 \cdot B_{12} \cdot C \cdot D \cdot E \cdot K \cdot$ 니코틴산 · 판토텐산 · 엽산 등이 있으며, 이러한 비타민 모두는 효소의 작용을 돕는 역할을 하고 있고, 특히 B_{12}에는 미네랄인 코발트가 포함되어 있다.

엽록소의 역할

식물의 녹색 잎은 햇빛을 받아서 수분과 탄산가스를 사용하여 복잡한 탄수화물을 만들고 있다. 이것을 광합성이라 부른다. 이 광합성은 식물의 녹색 잎 · 줄기의 세포 속에 있는 엽록체에서 일어나고 있다. 이 엽록체 속에 엽록소가 들어 있어서 이것이 햇빛과 수분과 탄산가스로부터 탄수화물을 생성하는 데 있어서 촉매제 역할을 하고 있다.

팔 · 다리에 약간의 상처가 났을 때, 쑥잎을 비벼서 상처 부위에 대면 좋다고 옛부터 알려져 내려온 방법이기도 하거니와 이와 같은 엽록소에는 피부나 조직을 상하지 않고 상처를 아물게 하는 작용이 있다고 한다.

엽록소가 우리들, 인체에 미치는 주요한 효과를 몇 가지 살펴 보면,

① 세포를 생생하게 되살리고 장기의 기능을 활성시켜 조직의 저항력을 증대시켜 준다.

② 상처 치료가 빠르고 새살이 빨리 돋게 하며, 상처 부위를 빨리 아물게 하기 때문에 각종 피부질병 · 궤양 · 화상 등에 놀라운 효과를 나타내는 데다가 역겨운 환부의 악취도 없앤다.

③ 적혈구의 혈색소와 유사한 화학구조를 갖고 있기 때문에 피를 만드는 재료가 되며, 적혈구의 생산을 왕성하게 한다.

④ 심장을 튼튼하게 하며, 혈관의 탄력성을 높여 준다.

⑤ 체세포 조직의 활성을 높여 주기 때문에 자연히 체내의 병원체 활동을

약하게 한다.

⑥ 항 알레르기 작용을 한다.

혈액이 오염되고, 체력이 눈에 띄게 허약해 보이는 현대인은 될 수 있는 한 이 엽록소를 많이 섭취하여 체질을 강하게 만들어야 하겠다.

식물은 인간과 유사하다

인간의 눈에 들어올 수 있는 빛의 파장의 범위는 대개 400~700㎛의 파장이다. 더욱 재미있는 것은 식물의 '녹색피'라고 불리워지는 엽록소와 인간의 혈색소와는 그 구조가 상당히 비슷하다라는 것이다. 다시 말하면 엽록소는 마그네슘 이온을 중심으로 분자가 결합하고, 혈색소는 철이온이 각 분자를 연결하고 있다라는 것 외에는 거의 그 구조가 흡사하다.

수집 시기와 그 방법

언제쯤, 크기는 어느 정도의 것을 구하면 좋을까 라는 고민이 생기게 되는데 그것은 야생초에 따라 상당한 차이가 있다. 빨리 자라기 때문에 먹을 수 있는 기간이 짧은 것, 새싹이 계속 나오기 때문에 비교적 장기간 이용할 수 있는 것, 열매나 뿌리를 채취할 수 있는 것 등 여러 가지 종류가 있어서 일괄적으로 말하기 어렵다. 그것을 고르려면 4 계절을 통해서 될 수 있는 대로 많은 야산에 나가서 야생초채집을 경험해 보기로 하고, 약용으로서 보기도 하는 것이 가장 좋은 방법이다.

부위별 채취 방법

잎과 줄기를 채취할 때

일단 표준이 되는 잎과 줄기는 이것을 식용으로 할 경우는 야생초가 이제 겨우 막 피어나기 시작하는 초봄 무렵의 것들이 가장 좋다고 알려져 있

다. 이 시기의 잎과 줄기에는 떫은 액체가 적고 부드러워서 전부를 요리할 수 있다. 채집할 때도 야흰초나 참소리쟁이처럼 미끈미끈한 것이나, 두릅나무처럼 가시가 있는 것 이외에는 손으로 간단하게 뜯을 수가 있다. 다른 계절에도 손톱으로 가볍게 꺾을 수 있을 정도로 단단한 것이라면 상관 없다. 그러나 단단한 것이라도 요리를 어떻게 하느냐에 따라 충분히 먹을 수 있다. 나물무침 등은 역시 다 자라기 전의 파릇파릇한 것이 아니면 섬유질이나 떫은 맛이 나기 때문에 맛이 덜하다. 약용으로 하는 경우에는 생장이 최고조에 달하는 늦봄부터 여름에 걸쳐, 꽃이 필 때에 가장 큰 효력을 볼 수 있다.

그 밖의 부위를 채취할 때

_꽃 : 꽃이 피는 시기는 야생초의 종류에 따라 달라서 봄에 피는 것, 여름에 피는 것, 가을에 피는 것 등 여러 가지가 있으며 서양민들레같이 한겨울에 꽃을 피우는 것도 있다. 식용이나 약용으로 할 경우에도 꽃이 피었을 때가 좋은 것이 있고, 꽃봉오리가 약간 벌어지려고 할 때가 좋은 것이 있다. 꽃 모양이 망가지지 않도록 한 송이 한 송이씩 정성스럽게 채취해 보자.

_종자 : 대체로 여름부터 늦가을에 걸쳐 채집한다. 식용으로 할 때는 약간 어린 것을, 약용으로 할 경우에는 완숙한 것을 사용한다.

_열매 : 대체로 여름부터 가을에 걸쳐 채집한다. 야채절임(김치)이나 삶는 요리에 사용할 경우에는 완숙하지 않은 어린 것을, 생식으로 할 경우나 약용·과실주용으로는 충분히 숙성한 것을 선택한다. 이것도 꽃과 같이 정성스럽게 채취해 보자.

_뿌리 : 일년 내내 식용·약용에 적합하지만, 가장 많은 영양을 얻을 수 있는 계절은, 가을에서부터 그 이듬해 초봄 사이에 채취하는 것이 가장 좋을 것이다. 뿌리를 캘 때에는 뿌리 근처로부터 조금 떨어진 곳에서 옆

으로 비스듬하게 파나가야 한다. 뿌리는 땅 깊숙한 부분까지 잔뿌리를 박고 있어(민들레·참소리쟁이 등) 무리하게 잡아 당기면 뿌리가 중간에서 잘릴 염려가 있기 때문에 마지막 순간까지 천천히 침착하게 파내야 한다. 산에서 나는 감자를 캘 때에는 한 시간 정도는 걸린다고 생각해 두는 것이 좋다.

채취할 때의 태도

자연계의 생물은 모두 일정한 주기를 반복하면서 균형있게 생활하고 있기 때문에 야생초를 채취할 때에도 그 균형이 깨지지 않을 정도의 양만을 채취하여 즐기는 것이 자연에 대해 우리가 취해야 할 태도다. 봄에 가시투성이 가지에 애교있는 모습으로 새순이 나는 두릅나무는 한 번 꺾어도 또 다시 새순을 나게 하는 생명력이 있다.

최근 확실히 산채가 산을 황폐하게 해서 심각하다는 뉴스를 많이 접하고 있지만, 야생초·산채를 정말로 아끼는 사람에게는 애석한 일이 될 것이다.

또, 돌아오는 봄에 들내음을 한 번 더 만끽하기 위해 채취할 때는 정말로 그 야생초가 군생하고 있는 곳을 살펴서 그 곳에서 필요한 양만큼만 채취하고, 다년초는 될 수 있는 한 뿌리를 남기도록 하고, 지나치게 많은 양을 채취했던 야생초라면 다시 자연으로 되돌려 줄 수 있는 마음을 가질 수 있는 사람만이 진정으로 야생초를 채취할 자격이 있다.

독초에 주의할 것

독초의 특징

야생초에 대해 그다지 정통하지 않는 사람으로부터 "잘못하여 독초를 먹게 되지 않을까요?"라는 질문을 자주 받는다. 독초는 그다지 종류가 많지 않아(한국에서 자생하고 있는 독초의 종류는 약 200

종이며, 한국에 있는 전체 식물수의 1% 정도밖에 되지 않는다.) 눈에 띠는 특징이 있기 때문에 야생초 수집에 있어서는 이름을 모르는 것은 처음부터 멀리하여, 채취하지 않는 것이 가장 안전하다. 독초의 일반적인 특징을 열거해 보면 다음과 같다.

① 석산과, 양귀비과, 미나리아재비과, 양초과, 등대풀과, 토란과, 등나무, 병꽃나무과, 가지과, 협죽도과 식물 등에 많다.

② 줄기를 자르면 흰색과 황색, 오렌지색 액이 나오는 것이 많다(예를 들어 등대풀, 옻나무, 백색, 양귀비꽃과 다년초, 애기똥풀, 미나리아재비, 여우풀 – 황색, 오렌지색).

③ 풀 전체에서 이상한 냄새가 나는 것이 많다.

④ 혀 끝에 대 보면 고약한 맛이 나기도 하고, 혀가 마비되는 것같은 강한 자극이 있는 것이 많다.

⑤ 꽃잎의 색깔이 선명한 적색, 황색을 띠기도 하고 섬뜩한 느낌이 드는 열매를 갖고 있는 것이 많다.

특히 3가지 독초에 주의하라

위에서 살펴본 바와 같은 몇 가지 특징을 갖고 있는 독초 중에서 독병꽃나무·바곳·독미나리 이 세 가지는 매우 강한 독을 품고 있어서 목숨을 앗아가는 일도 종종 일어나고 있기 때문에 특히 더 주의를 기울여야 한다. 독병꽃나무는 작은 가지를 꺾어서 젓가락 대신 사용하는 것만으로도 독이 묻어나기 때문에 위험하다. 그 붉은 열매를 먹으면 대단히 위험하므로 특히 어린이들에게 단단히 주의를 주어야 한다. 바곳은 둥근 뿌리 하나로도 성인 몇 사람을 죽이는 강한 독성을 가지고 있어, 옛날 사냥꾼들은 곰사냥을 할 때 이 바곳을 주로 사용했다고 한다. 바곳에는 잎과 줄기에도 독이 있기 때문에 한방에서는 이것으로 '부자'라고 하는 중요한 약을 만들어 내고 있다. 또한 독미나리는 보통 먹을 수 있는 미나리와 혼동할 우려가 많기 때문에 주의해야 한다.

그 이외의 독초는 거의 상관없다

그 외의 독초는 어쩌다 먹게 되더라도 설사나 복통·구토 등을 일으키는 정도이며 혹, 증상이 심할 경우에도 정신을 잃는 정도로 생명에는 아무런 지장이 없다. 하지만 독초에는 고약한 맛과 자극을 주는 강한 성분이 많기 때문에 다량 먹게 되는 일은 없을 것이다. 또한 독초라 하더라도 풀 전체에 독이 있는 것은 비교적 그 종류가 적고 대부분은 독성분이 풀 어딘가 한 부분에 집중되어 있는 것이 많다(대부분 뿌리나 열매에 집중되어 있다).

예를 들면 자리공·이륜초는 뿌리에는 상당히 강한 독이 있지만, 잎에는 전혀 독이 없기 때문에 맛있게 요리하여 먹을 수 있다. 그리고 또 지금까지 독초라고 알려져 왔던 초목질경·말오줌나무 등은 삶거나, 기름에 볶거나 하면 독성분이 없어져 무해하게 된다는 사실이 밝혀져 요즘은 사람들에게 많이 애용되고 있다.

자연 그대로 가공하지 않고 씹어보면 신맛이 나는 야생초 - 수영·참소리쟁이·감제풀·괭이밥·은초롱 등에는 옥살산을 많이 포함하고 있다. 이 옥살산은 혈액 속에 들어있는 칼슘을 빼앗아 '수산석회'를 만들기 때문에 체내의 칼슘 성분이 부족하게 되고, '수산석회'가 칼슘 흡수를 방해하게 된다.

또한 이 수산석회가 몸 어느 한 부분에 쌓이면 담석증·신장결석 등과 같은 질병의 원인이 되기 때문에 옥살산이 많은 야생초는 한 번 데쳐져 조리해 먹는 편이 훨씬 좋다.

삶거나 데치면 옥살산(수산)은 거의 없어지기 때문에 안심하고 먹어도 좋을 것이다.

독초를 먹게 되었을 경우

혹시 독초를 먹어서 설사 · 복통 · 구토 등과 같은 증상을 일으키는 사람이 나오면, 가장 좋은 방법은 빨리 의사에게 데리고 가서 위를 세척해 내는 것이다.

그러나 그렇게 할 수 없을 경우에는 재빨리 손가락을 입에 넣어 토하게 하고, 농도가 짙지 않은 소금물을 마시게 하여 2~3회 토해내는 일을 반복시킨다. 검은콩 약 100g(한 컵), 감초 10~20g을 네 컵 반 정도의 물에 타서 상태, 경과를 보면서 마시게 한다.

재배하는 방법

_흙 : 대개는 아무런 토양이나 상관없지만, 비옥한 흑토라면 더 말할 나위 없이 좋다. 종류에 따라서는 모래땅이나 점토에 심어야 하는 것도 있으므로 이 점에 유의해야 한다.

_햇빛(일광) : 토질의 선택보다도 신경써야 하는 문제다. 햇볕이 잘 드는 곳에서만 자라는 야생초, 빛의 양이 그다지 많지 않은 그늘진 곳을 좋아하는 것 등 여러 가지가 있다. 야생초는 햇빛의 양에 매우 민감하게 반응한다.

_수분(물) : 습지에서 자라는 식물 이외에는 적당한 수분만 있으면 충분히 자라기 때문에 하루에 일 회 정도로만 물을 주면 된다.

_비료 : 비료는 별로 줄 필요까지는 없지만 부엽토 · 목탄 · 깻묵 등과 같은 유기비료 등이 토지에는 좋다. 그리고 될 수 있는 대로 화학비료는 주지 않는 것이 좋다. 부엽토는 흙처럼 된 것으로 원예점에서 팔고 있다. 이 부엽토를 직접 만들 때에는 단풍이 질 무렵 졸참나무나 떡갈나무처럼 잎이 넓은 나뭇가지잎을 모아서 쌓아 두면, 저절로 발효해서 흐물흐물해지고 다시 이것을 잘 말려서 굵은 분말로 하면 완성된다.

목탄은 초목을 불태워서 얻을 수 있는 것으로 칼슘 · 인산 · 질소 등을 많이 갖고 있어 야생초 재배에 가장 적합한 것이다. 이것을 한 줌 정도 뿌리 밑에 넣어 주자. 깻묵은 유채기름과 콩기름으로 이것도 원예원에서 팔고 있다. 정원이나 화분에 줄 때는 뿌리잎에 직접 주면 좋다. 이 경우에 깻묵을 폴리에틸렌으로 만든 자루에 넣어, 물을 분무기 등으로 세차게 내뿜어 놓고 자루 입구를 묶어 열흘내지는 보름 정도 방치해 놓아 발효시킨 것을 사용하자. 겨울에는 깻묵을 자루에 넣지 않고 그대로 주어도 괜찮다.

야생초를 약으로 이용하자

이 책에 소개되어 있는 59종의 야생초는 모두 우리들의 병을 치료하며 우리들의 건강을 유지시켜 주는 약효를 가지고 있다. 여러 가지 야생초를 효과가 있는 내복약과 외복약을 만드는 방법을 배워 보기로 하자.

내복약① – 달이는 약을 만드는 방법

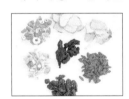 야생초차와 비슷하지만 그것보다 훨씬 더 강력한 효과를 갖고 있는 것이다.

여러 가지 적당한 시기에 나는 야생초를 약으로 이용할 부분을 물로 씻어 흙과 먼지를 털어내며 물기를 잘 뺀다(은초롱같은 것은 흙과 먼지를 털어내는 것만으로는 깨끗하게 씻을 수가 없다). 이것을 소쿠리나 멍석, 신문지 등에 펼쳐서 통풍이 잘 되고, 햇볕이 잘 드는 곳에서 충분히 건조시킨다(곰치풀은 그늘에서 말려야 한다). 이따금씩 손으로 잘 펴서 구석구석까지 잘 마르게 해 준다. 일반적으로 야생초를 건조하는 데 걸리는 시간은 야생초의 종류에 따라서 또 그 크기에 따라서 다소 차이는 있지만 대체로 잎과 줄기는 1~2일, 뿌리는 3~7일 정도 걸린다. 수분이 전혀 남지 않게 완전히 건조시켜야 한다. 이렇게 바싹 말리지 않으면 보관하는 동안에 습기가 차거나, 곰팡이가 생기기도 하여 사용할 수 없게 된다. 완전히 마른 야생초는 병에 넣

거나 휴대용 자루에 넣든가 해서 통풍이 잘 되는 처마 밑에 매달아 둔다. 여기에 방습제 실리카겔을 넣어 두는 것도 습기 차는 것을 막는 데 좋은 방법이다.

이렇게 건조시킨 야생초를 달인다. 달이기 위해서는 질주전자가 가장 좋지만, 질주전자가 없으면 질냄비나 알루미늄냄비 또는 보통 주전자라도 좋다. 단, 철냄비나 철주전자는 안된다.

만약 여기에다 달이면 야생초 성분이 변질되어 버린다. 우선 병의 증상을 잘 살펴보고 적합한 야생초를 골라낸다.

그리고 하루치 야생초를 질냄비나 질주전자 등에 넣고 두 컵 반에서 세 컵 정도의 물을 부어 약한 불에서 처음 물의 양이 반으로 줄어 들 때까지 끓인다. 시간은 약 40~50분 걸린다.

다 달여지면 찌꺼기를 걸러서 그 국물만을 2~3회로 나누어 공복 시(식전 30~60분)나 아침과 점심 사이 또는 점심과 저녁 사이에 먹는다.

원래는 따뜻한 것을 먹어야 하지만, 용도에 따라서는 차게 해서 먹어야 하는 것도 있다(이질풀을 변비에 사용할 때). 어린이들이 먹을 경우는 열 살 정도는 성인의 1/2, 여섯 살은 성인의 1/3을 복용시켜야 한다.

내복약② – 흑소(黑燒) 만드는 방법

흑소라고 하면, 뱀이나 지렁이, 영원(도룡뇽의 일종), 두더지 등을 검게 쪄서 굽는 것을 연상하게 되는데 이 흑소에는 식물을 굽는 것도 있다. 흑소의 약효의 비밀은 아직 과학적으로 밝혀져 있지는 않지만, 그 약효는 상당히 높아서 복용하면 증상이 금세 좋아진다는 것은 이미 많은 사람들이 알고 있는 사실이다. 흑소는 재료를 그릇에 넣어서 바깥 공기를 차단해서 수분과 휘발성 성분이 날아가지 않게 찜구이를 해서 만든다. 이것을 가루로 빻아서 복용하는 것이지만, 가열하는 것에 따라서 약으로서 효력을 충분히 낼 수도 있고, 달이는 약보다 보존이 쉽고 가지고 다니면서 복용하기에 더욱 편리하다고 말할 수 있다. 그러면 야생초를 검게 쪄서 굽는 방법을 설명해 보겠다.

우선 흑소의 재료로서 야생초를 선택하여 이용할 부분을 도자기 그릇에 넣는다. 도자기가 없을 때에는 질냄비나 질주전자 등을 이용해도 된다. 재료를 넣은 그릇을 철사로 단단히 열십자 모양으로 묶어 틈새는 점토로 발라 봉해 놓는다. 그 다음에는 깊이가 약 50~60cm되게 구덩이를 파고 구덩이 둘레와 바닥을 벽돌로 쌓는다. 이것은 흙이 무너져 내리는 것을 막고, 열 효율을 높이는 구실을 한다.

구덩이 바닥에 목탄을 깔고 그 위에 재료를 넣어 둔 용기를 올려놓고, 톱밥이나 왕겨를 구덩이 절반 정도까지 쌓는다. 여기에 일단 불을 붙인 다음 불길이 어느 정도 넓게 퍼지면, 톱밥과 왕겨를 구덩이 윗부분까지 가득 채워 넣는다. 이런 상태로 30분내지 한 시간 정도 놓아 두었다가 더 이상 연기가 나지 않으면 그릇을 꺼내 완전히 식으면 비로소 뚜껑을 연다. 이렇게 하여 흑소가 만들어지는 것이다.

적당한 장소도 없고 목탄이나 톱밥 등도 구하기 힘든 도시에서는 가스불 위에 석면이 있는 고기굽는 석쇠를 올려놓고, 그 위에 재료를 넣은 용기를 얹어서 약한 불로 한 시간 정도 태운다. 이렇게 만들 경우에는 그릇에 철사를 묶거나 틈새에 점토를 발라 봉한다거나 해서는 안된다. 왜냐하면 폭발할 위험이 있기 때문이다. 완전히 구워지면 식을 때까지 용기 뚜껑을 열지 말아야 한다.

다 완성된 흑소를 유발(약을 갈아서 가루로 만드는 그릇)이나, 절구 등 작은 그릇에 넣고 막자나 나무공이, 숟가락 등으로 잘 갈아 으깨서 가루로 만든다. 이 가루를 작은 숟가락으로 한 숟가락을 1회 분량으로 해서 하루에 세 번, 식사하기 한 시간 정도 전에 먹는다.

외복약 – 여러 가지 이용법

야생초를 비벼 이용하는 방법, 다른 식물과 혼합하는 방법, 달인 물로 찜질하여 환부에 붙이는 방법 등 여러 가지가 있다.

이 책에 나오는 야생초에는 이용방법과 그 효력을 나타내는 질병·증상 등을 알아본다.

_ 생잎과 줄기를 비벼서 환부에 붙인다. 또는 그 즙을 낸 국물을 환부에 바른다 – 쇠비름(개선(옴)·백선·사마귀)·제비꽃(종기)·민들레(사마귀)·털머위(치통)·삼백초(무좀·백선·개선)·방가지똥·쑥부쟁이·쑥(벌레에 물린 상처)·등골나무(외상)

_ 생뿌리·뿌리줄기·잎 등을 비벼 환부에 붙인다 – 제비꽃(타박상)·삼백초(축농증)

_ 생잎을 불에 말려 부드럽게 해서 환부에 붙인다 – 식나무(종기·화상·절상·찰상)·털머위(종기·화상·습진·유방염·타박상)·범의귀(종기·매독(창병)·가벼운 동상)

_ 다른 것들과 혼합해서 이용한다 – 명아주(풀 전부를 흑소로 해서 참기름으로 반죽하여 환부에 붙이면 소아태독에 효과가 있다)·쥐참외(열매를 갈아 으깨서 술과 섞어 환부에 붙이면 손발이 틀 때)·가벼운 동상·살갗이 거칠어졌을 때 효과가 있다)·참소리쟁이(뿌리의 건조분말에 탕화를 환부에 붙이면 무좀·개선·백선·종기에 좋다)·별꽃(전초의 건조분말을 소금과 혼합하여 이를 닦으면 치조농루(치조에 고름이 괴는 상태)를 치료하는 데 효과가 있다)·떡쑥(모든 풀을 고추와 함께 흑소해서 그 가루를 참기름으로 이겨서 환부에 붙이면 백선·기계충에 효과가 있다)·자운영(모든 풀을 말오줌나무 싹과 함께 찜구이해서 참기름으로 비벼 환부에 붙이면 치질에 효과가 있다)

_ 그 밖의 사용 방법

① 명아주 : 치통 치료(잎즙을 탈지면에 적셔서 물고 있는다.)

② 예덕나무 : 치질(잎을 달인 물로 환부를 씻는다.), 뜸질 후 진무른 데 (생잎을 태워서 분말을 만들어 그 가루를 환부에 뿌린다.)

③ 우슬 : 가시에 찔린 데, 뱀에 물린 데(생풀들을 걸쭉하게 될 때까지 삶 아서 환부에 붙인다.)

④ 까마귀머루 : 사마귀 · 티눈 · 점(건조시킨 잎을 비벼서 환부에 얹고 뜸 질을 한다.)

⑤ 쇠비름 : 자궁암(잎 · 줄기를 갈아 으깨서 가제에 스며들게 하여 질 속 에 삽입시킨다.)

⑥ 말오줌나무 : 타박상 · 골절(달인 국물을 물엿처럼 될 때까지 잘 고아서 액기스(약이나 음식의 유효성분을 빼내서 진한 액체로 한 것)를 만들 어 환부에 댄다.

⑦ 머위 : 기침 · 가래 · 기관지 천식(건조시킨 잎을 연기가 많이 나게 태 워서 그 연기를 들이 마신다.)

야생초로 술을 담근다

 매실주를 만들어 본 적이 있는 사람이라면, 누구라도 이 맛 좋은 야생초주를 만들 수 있을 것이다. 야생초로 술을 담글 때에는 재 료로 하는 야생초의 종류나 또 그 부위(잎 · 줄기 · 뿌리 · 꽃 · 열매 등)에 따라서 여러 가지 맛과 냄새 · 색상을 다양하게 만들 어 낼 수 있기 때문에 매실주와 함께 여성들도 즐겨 마실 수 있는 술이다.

장기간 보존하여도 맛있게 마실 수 있다.

이 술은 또 야생초가 가지고 있는 성분을 알콜이 충분히 우려낼 수 있기 때문에 약용 효과도 상당히 높다. 이 책에 소개되어 있는 야생초 중에, 술 로 담글 수 있는 것의 이름과 사용하는 성분을 들어 보겠다. 둥굴레(뿌리 줄기) · 삼지구엽초(풀 전체) · 까마귀머루(열매) · 구기자나무(열매) · 뽕나무(열매) · 말오줌나무(열매) · 달래(인경) 등.

야생초주를 만드는 방법은 보통 매실주와 같지만 주의해야 할 점은 다음과 같다.

_재료 : 생것 그대로 재료로 사용하는 것(뽕나무 열매 등)과 한 번 건조시켰던 재료를 사용하는 것이 있다. 어느 것이나 잘 씻어서 수분을 빼고, 말린 것은 와삭와삭해질 때까지 햇볕에 잘 건조시킨다. 이 재료를 가제나 무명으로 만든 자루에 넣고 소주를 붓는다. 2주일에서 3개월 정도 지나 술이 숙성되면, 이 자루를 끄집어 낸다.

_소주 : 매실주와 마찬가지로 소주(35도)를 사용한다. 알콜 도수가 높은 만큼 성분이 잘 스며 나온다.

_단맛 : 일반적으로는 각설탕을 넣지만, 좀 더 건강을 생각하며 마시려고 할 때는 순수한 벌꿀을 사용하는 쪽이 좋을 것이다. 게다가 처음부터 넣지 않고 술이 완성된 다음에 각 개인의 취향에 맞추어 감미하는 쪽이 더 맛있고, 또 발효나 곰팡이의 발생을 막는 데에도 도움이 된다.

_그릇 : 주둥이가 큰 유리병을 사용한다. 그릇 안을 잘 씻어서 물기를 닦아 놓아 둔다.

_술빚어 놓기 : 주둥이가 큰 병에 재료를 넣고 재료의 3~4배 되게 소주를 붓는다. 뽕나무 열매처럼 진무르기 쉬운 것을 재료로 할 때에는 소주를 조금씩 천천히 부어 넣어야 한다. 소주량은 병의 8부 정도가 적당하다.

_저장 장소 : 햇볕이 들지 않는 서늘하고 어두운 곳이 좋다. 하지만 냉장고에 넣어 두는 것은 피해야 한다. 부엌 구석이나 곳간처럼 일년내내 온도의 변화가 그다지 심하지 않는 곳이 가장 이상적이다.

_숙성기간 : 야생초의 종류나 사용하는 부위에 따라 2주~3개월까지 폭이 심하지만, 야생초주 본래의 향기와 감칠맛 · 부드러운 맛을 풍김과 동시에 소주의 독한 맛을 없애기 때문에 일단 숙성한 후에 재료를 꺼내서 다시 수 개월 더 묵게 놔두는 것이 좋다.

야생초주를 만드는 법

① 이른 봄 꽃이 피기 시작할 무렵, 전초를 채취해서 대충 씻어서 그늘진 곳에서 말린다.

② 그늘진 곳에서 말린 풀을 가제나 무명천으로 만든 자루에 넣어 주둥이가 큰 병에 담아, 풀의 3~4배 가량 되는 소주를 붓는다.

③ 서늘하고 그늘진 곳에서 약 3개월 가량 재워두면 숙성된다.

야생초를 사용하여 약탕을 만든다

야생초를 사용해서 약탕을 만들어 보자. 야생초를 약탕에 넣으면, 겨울에도 따끈따끈한 목욕물에서 목욕을 할 수 있고, 여러 가지 만성병의 치유에 또 미용과 건강에도 놀랄만한 효과가 있다. 이 약탕은 야생초의 성분이 목욕물 속에 용해되어 나오기 때문에 공중 목욕탕 물과는 달라서 자극이 적고 정말로 피부에 와닿는 느낌이 순하고 부드럽다. 물에 용해되어 나온 유효성분은 몸의 여러 부분을 따뜻하게 할 뿐더러, 위장병 냉한체질, 류머티즘 등의 질병을 치유하고 피부를 부드럽게 해 준다. 약탕의 재료에는 식나무, 우슬, 차전초(질경이), 뽕나무, 삼백초, 말오줌나무, 등골나무, 쑥 등의 잎줄기를 사용한다. 꽃과 잎이 번성하고, 생명력이 강할 때 야생초를 채취해서 2~3cm길이로 가늘게 썰어서 햇볕에 충분히 건조시킨다. 건조된 풀은 통풍성이 있는 종이자루에 넣어 처마밑이나 복도에 매달아 보관한다. 이 보관용 종이 자루를 야생초별로 준비하여 각각의 자루에 풀 이름을 적어 두면 건조시킨 후에도 모두가 비슷한 모양을 하고 있어도 쉽게 구별해 낼 수가 있다.

이 말린 야생초를 목욕탕에 넣는 것인데 한 번에 필요한 건조의 양은 한 사발 정도다. 이것을 포목으로 만든 자루에 넣어 그 자루를 세면기 등에 넣어서 위에서부터 뜨거운 물을 부어 10~15분 정도 둔다. 이렇게 하면 그 물에 야생초 성분이 차츰차츰 용해되기 때문에 그 물과 자루를 함께 욕조에 넣으면 된다. 식사 약 한 시간 전후로는 목욕탕 속에 들어가지 않는 것이 좋다.

목욕물은 미지근하게 해서 천천히 들어가라. 요즘 사람들이 즐기는 열탕은 건강에 그다지 좋지 않다. 비누는 될 수 있는 대로 사용하지 말고 타올로 몸 구석구석을 문질러 둔다. 살갗이 생생하고 탄력있게 느껴질 것이다.

목욕탕에서 나올 때에는 보통 물이나 욕실에서 씻어내지 않고 수건으로 훔쳐낸다. 이러한 것에 주의하고 야생초의 짙은 향기를 음미하면서 온천에 온 기분을 흠뻑 맛보길 바란다. 이 목욕물은 한 번 사용하고 버리는 것이 아니라 두세 번 다시 데워서 재차 사용한다.

식물로 암을 치료하는 방법

현대에 가장 무서운 질병으로 알려진 암에 효과가 있는 식물을 야생초·야채·나무 등 20종 가량 소개하겠다.

이것들은 현재 사용되고 있는 항암 화학 약제에 비해 즉효성은 없지만 부작용도 없기 때문에 안심하고 사용할 수 있다.

① 예덕나무 : 나무껍질·어린 싹을 말린 것을 하루에 10g 달여 먹는다. 위암·위궤양에 효과가 있다.

② 무화과나무 : 잎과 열매가 위암에 효과가 있다.

③ 화연초 : 습기찬 바위에서 자라나는 숙근초로, 그 액체를 종양에 직접 발라서 종양이 없어졌던 예가 있다.

④ 연명초 : 연명초는 차조기과에 속하는 숙근초다. 주성분은 프라구토란친, 엔 메인, 이소도닌 등으로 제암 효과가 있다.

⑤ 흰초(원추) : 들원추·덤불원추와 혼동하지 않도록 주의. 감초는 콩과 식물로서 뿌리가 굉장히 달기 때문에 '감초' 라 부른다. 주성분은 프라

구토란친이고 해독·정장작용이 있고 복통을 멈추게 하며 거담작용을 한다. 또한 항알레르기·항염·병소 수복의 각 작용도 가리키고 있기에 당연히 제암작용도 한다고 추측할 수 있다.

⑥ 수수(기장) : 췌장암 환자가 한 사람도 없다는 것으로 유명한 만주의 어느 지방에서는 주민들 모두가 수수를 매일 먹고 있다라는 사실이 밝혀졌다.

⑦ 얼룩조릿대 : 얼룩조릿대의 추출물은 강정제·이뇨제·완화작용을 하여 옛날부터 중풍이나 고혈압 치료에 이용되었다. 제암작용을 하는 부위는 다량의 엽록소나 비타민 K에 의한다고 추정되고 있으나, 그 외에 더 중요한 알려지지 않은 원자가 있는 것 같다.

⑧ 녹나무 관목 : 이쑤시개를 만드는 나무다. 나무껍질을 달여서 마시면 위암에 효과가 있다.

⑨ 토란 : 껍질을 두껍게 벗겨서 알맹이를 으깨 같은 양의 밀가루에 소량의 반하·생강·식용 소금을 섞어서 반죽한 것을 찜질약으로 외복한다. 위암·유방암에 효력이 있다.

⑩ 쇠비름 : 자궁암에 특효가 있다. 신선한 잎·줄기를 갈아 으깨서 걸쭉해지면 가제에 듬뿍 스며들게 하여 질 속에 넣는다. 가제는 매일 갈아 넣어 준다. 전초를 건조해서 달여 먹으면 암을 유발시키는 각종 악창에 효과가 있다.

⑪ 두릅나무 : 뿌리 껍질을 건조시킨 것을 달여 먹는다. 프로테인산 및 소인 등이 함유되어 있기 때문에 해독과 활력제 효과가 있다. 특히 위암에 두드러진 효과가 있으며 치유된 예도 상당히 많다.

⑫ 민들레 : 단백질을 분해하는 효소를 함유하고 있어 암을 녹아나게 하는 힘이 있다. 특히 위암에 효과가 있다.

⑬ 닭의장풀 : 잎·줄기를 달여 먹는다. 각종 암에 효과를 나타내고 있다.

⑭ 번행초 : 해변가에서 자라는 1년생풀, 푸른즙을 내어 사용하면 강한 제

암작용을 발휘한다.

⑮ 마름(열매) : 마름 열매에는 다량의 효소가 함유되어 있고, 이것이 암에 유효하게 작용을 한다. 위암에 좋다.

⑯ 비파나무(잎) : 비파나무는 약목으로서 옛날부터 알려져, 석가모니도 '대약왕수' 라 하여 불전에 그 효능을 설명하고 있다. 이 잎은 각종 암에 효력이 있다.

  a. 용법은 잎을 불에 말려서 환부를 가볍게 문지른다.

  b. 잎액기스를 따뜻한 수건에 듬뿍 스며들게 하여 환부에 찜질한다.

  c. 특별한 장치를 이용하여 잎을 말려 완성된 액기스를 증기로 만들어 체내에 젖어 들어가게 한다.

비파나무 잎에는 아미타아제, 배당체가 있는데 이것이 열로 분해되면 푸른곰팡이가 나온다. 푸른곰팡이는 맹독이지만, 비파나무 잎에서 나오는 아주 작은 미량의 푸른곰팡이가 피부 속으로 스며 들면, 혈관이나 운동·호흡 중추를 자극해서 세포의 신진대사를 왕성하게 하고, 생체의 자연치유력을 높여주는 역할을 한다. 이것은 암뿐만 아니라 복막염·맹장염·위장병·자궁질환·중이염·위궤양·관절염·피부염·신경통·야맹증 등 많은 질병에 효과가 있다.

⑰ 용담 : 뿌리에 약효가 있다. 고미건위약으로는 유명하지만 강한 제암작용도 한다.

쓰임새 다양한 봄·여름·가을 **야생초**

개옥잠화

백합과
높이 : 20~30cm
꽃피는 시기 : 7~8월(여름)

특징

① 땅속줄기는 굵고 옆으로 뻗어 많은 뿌리를 내는 다년초다.

② 잎은 뿌리 밑에 모여 비스듬히 서고, 길이 18~23cm의 큰 계란형으로
끝은 약간 뾰족하고 털은 없으며 줄이 선명히 10~15개 나타나 있다.

③ 잎의 중심부터 한 개 긴 줄기가 나오고, 여름에는 담자색의 나팔형 꽃
이 십여 개 한 줄에 이삭 모양으로 핀다.

＊ 약간 습한 산지나 개천의 옆에서 자란다.

맛있게 먹는 법

먹는 부분 : 어린 잎, 줄기, 꽃

개옥잠화의 종류는 다 먹을 수가 있는데 가장 식용에 적합한 것은 잎이 큰
대엽개옥잠화다. 어느 지역에서는 우루이라고 하여 중요한 산야생초다.

① 초된장 무침 – 가장 맛이 있는 것은 봄의 어린 잎이 아직 말고 있을 때

의 것으로, 땅 속에서 파내는 것 같이 채취한다. 커진 것은 줄기만을 채취하고 소금 한 줌을 넣은 열탕에 삶아(생장한 것은 꽤 딱딱하기 때문에 충분히 삶는다.) 물에 헹구어 3~4cm 정도로 잘라 된장·초·미림으로 무친다.

② 겨자 무침 – ①과 같이 삶아서 잘게 썬 것을 겨자와 간장으로 무친다.

③ 깨 무침 – ①과 같이 삶아서 잘게 썬 것을 깨·간장, 기호에 따라 미림이나 꿀을 넣어 무친다.

④ 조림 – 삶아서 4~5cm의 길이로 잘라 충분한 다시마 국물에 바짝 조려, 간장과 미림으로 덜 진하게 맛을 낸다.

⑤ 꽃의 감초 – 담자색의 완전히 피지 않은 꽃을 채취하여 열탕에 살짝 데쳐 초와 꿀을 넣어 맛을 낸다.

약으로서의 사용법

사용하는 부분 : 잎·줄기

봄에 큰 잎이 완전히 자랐을 때에 줄기의 밑에서 베어내 햇볕에 잘 건조시켜 보존한다. 생으로 쓸 때도 있다.

① 선병질(腺病質) – 건조시킨 전초 6~15g을 2.5컵의 물에 넣고 약한 불로 약 반이 될 때까지 달여 이것을 하루량으로 하여 3회로 나누어 식전 또는 식후에 먹는다.

② 부스럼·탕(瘍) – 뿌리 또는 잎·줄기를 찧어 그 즙을 짜서 그것을 티스푼량을 1회분으로 하여 1일 3회 식전 또는 식후에 먹는다.

보존 방법

산오가리란 이름이 있듯이 줄기를 닮아서 햇볕에 말리면 오가리와 같은 보존식이 되어 필요한 때에 다시 쓸 수 있다. 개옥잠화뿐만 아니라 산초, 야생초류는 일시에 다 먹을 수 없을 정도로 채취할 수 있기 때문에 보존 방법을 연구해 둠이 좋겠다.

보주(寶珠)와 닮은 아름다운 잎

초여름에 습기를 좋아하여 자색의 꽃을 피우는 개옥잠화는 이슬비에 젖은 모습이 특히 아름답다. 그 잎의 모양은 다리난간 등의 기둥머리에 있는 보주의 장식을 닮았다고 하여 의보주(擬寶珠)라는 이름이 붙여졌다. 불교에서는 보주란 무엇이든 원하는 것을 내주는 보물의 주옥을 말한다.

괭이밥

괭이밥과
높이 : 10~20cm
꽃 피는 시기 : 5~9월(봄~가을)

특징

① 흙이 굳은 황무지나 돌담의 조그만 틈에서도 자라나는 강한 다년초로 줄기는 지상을 뻗어나가고 전체에 엷은 털이 있다.

② 잎은 긴 줄기가 있고 호생이며, 3매의 역하트형의 작은 잎이 한 묶음으로 되어 붙어 있다. 이 잎은 밤이 되면 자귀나무와 같이 접힌다.

③ 잎은 보통 녹색인데 홍자색의 홍자빛 괭이밥, 녹자색의 분홍 괭이밥 등의 별종도 있다.

④ 잎은 밑부터 꽃줄기가 나오고 선단에 8~10mm의 황색 꽃이 1~8개 핀다.

⑤ 과실은 깍지가 되어 검게 익고 속에서 많은 씨가 튀어 나온다.

⑥ 뿌리는 작은 인삼형으로 되어 있다.

＊ 길가나 뜰, 돌담 등 햇볕이 잘 드는 곳에서 자란다.

맛있게 먹는 법

먹는 부분 : 잎

옛날에는 이 잎이 가지고 있는 수산의 표백작용을 이용하여 식기를 닦는데 사용했다. 또 우메보시를 담을 때 자소잎과 같이 이 괭이밥 잎을 넣으면 맛이 좋아진다고 한다.

① 양념 – 잘게 썰어서 튀김을 찍어 먹는 국물에 넣으면 새콤하여 특이한 맛이 난다.

② 겨자 무침 – 소금을 한 줌 넣은 끓는 물에 잎을 넣어 살짝 데쳐 찬물에 헹구고 겨자와 간장으로 무친다.

③ 기름 지짐 – 같은 방법으로 데치고 물기를 뺀 것을 기름으로 지져, 된장과 미림으로 맛을 낸다.

약으로서의 사용법

사용하는 부분 : 전초

산미가 강한 것은 수산이나 구연산, 주석산 등이 포함되어 있기 때문이다. 뜰가에나 밭 등에서 닭이나 참새 등이 작은 괭이 잎을 부리로 쫓고 있는 것을 볼 때가 있다. 신선한 잎 그대로 또는 햇볕에 건조시켜 사용한다.

① 옴 · 벌레 물림 – 신선한 잎을 절구에 찧어서 그 즙을 환부에 바른다. 가려움증이나 벌레의 독을 풀어 준다.

② 임질 · 냉 · 치질 – 전초를 그늘에 말린 것 약 10g을 하루량으로 하여 2.5 컵의 물에 넣고 약한 불로 반으로 물이 줄 때까지 달인다. 식전 또는 식후에 2~3회 나누어 먹는다.

 괭이밥의 여러 가지

밭이나 뜰가 등에서 잘 보이는 괭이밥은 햇볕이 잘 드는 곳이면 1년 중 황색꽃을 피우고 있다. 잎이 홍자색인 것을 홍자빛 괭이밥, 녹자색의 것을 분홍 괭이밥, 여름이 되면 아름다운 담홍색의 꽃이 피는 것이 자주괭이밥이다. 자주괭이밥은 남미가 원산이다. 열매는 달리지 않기 때문에 종자는 없다. 뿌리에 많고 작은 구근(球根)이 달려 이것이 흩어져 번식한다. 큰 괭이밥은 심산의 숲 속 등에서 보이는데 그 잎은 넓고 움푹하여 이른 봄 4~5월경에 백색 또는 담자색의 꽃이 핀다.

전통놀이 / 소꿉놀이

막 시작되는 유월. 연두빛 엷은 동구나무 그늘을 이부자리로 깔고 한 살림을 차린다. 세간 모두가 걸리버의 소인국인 양 앙증맞기 그지없다.

손바닥 크기의 얇은 돌이 소반이 되고 살강 위의 병뚜껑, 조개 껍데기, 도토리 갓 그리고 가지런히 개켜진 나뭇잎이 부엌 세간의 전부다.

제비꽃 씨알을 따서 꽃그릇에 터뜨린다. 하얀 쌀밥이 쏟아진다. 괭이밥 잎 줄기를 짓찧어 김치를 담근다. 노란 애기꽃이 고춧가루 양념이 되어 뒤섞인다. 잘근잘근 앞니로 씹어 김치 맛을 본다.

첨엔 시큼한 맛에 진저리를 치지만 이내 그 맛이 침 속으로 녹아든다. 식구들이 밥상에 둘러앉는다. 어른이 먼저 수저를 들어야 아이들이 뒤따르는 가정교육이다. 막내가 고기 반찬이 없다고 칭얼거린다. 어머니와 다음 장날 간고등어를 사오기로 손가락 걸고 약속하고서야 막내는 냠냠 맛있게 숟가락질을 해댄다.

옛 소꿉놀이에는 별다른 놀이 도구가 필요없었다. 서로 얼굴을 맞대고 있다보면 절로 손끝에 묻어나는 놀이가 소꿉놀이다. 그러다 보면 은연중에 사람의 향기가 퍼지고 그게 인정이 되어 가슴에 솔솔 쌓이게 된다.

잔뜩 어리광을 부려 어머니의 속을 아리게 하던 막내가 소꿉놀이에선 아빠가, 또 엄마가 되기도 한다. 서로를 이해하는 데는 역할극이 최적이라는데 소꿉놀이를 통해 우리 아이들은 진작부터 배역을 서로 교환했다.

아이들의 손에 소꿉놀이 세간을 잡혀주자. 진정 향기가 있는 사람놀이를 스스로 터득하는 데 이만큼 좋은 놀이도 드물다.

[국민일보] 2000-06-02

구기자나무

가지과
높이 : 1~2m
꽃 피는 시기 : 7~8월(여름)

특징

① 불로장수의 약목(樂木)으로 옛날부터 이용되어 온 낙엽 관목이다. 생명력이 강하고 따뜻한 곳에서는 1년 내내 잎이 있다.

② 줄기는 약간 덩굴 모양으로 꼿꼿하지 않으며 비탈진 곳에 많이 나고, 때때로 아프지 않은 가시가 있다.

③ 잎은 몇 개씩 뭉쳐 붙고 길이가 2~3cm의 가늘고 긴 타원형이고, 깔쭉깔쭉하든가 털은 없다.

④ 여름에 잎 옆에서 담자색 1cm 정도의 쑥갓모양이고 끝이 다섯으로 갈라진 꽃이 수개씩 핀다.

⑤ 가을에 가늘고 긴 작은 계란형의 광택이 있는 빨간 열매를 맺는다.

* 들, 길가, 제방 등의 햇볕이 잘 드는 곳에 서식한다.

맛있게 먹는 법

먹는 부분 : 어린 잎 · 열매

봄, 가을에 새눈이 나오기 때문에 오랫동안 연한 잎을 딸 수가 있고 부드러워 맛있게 먹을 수 있다.

① 버터 지짐 – 어린 잎을 훑어 모아 소금을 한 줌 넣은 끓는 물에 삶아 물에 헹군다. 물기를 빼고 짜서 마아가린(식물성이고, 첨가물이 없는 것)으로 잘 지져 소금과 후추로 맛을 낸다.

② 겨자 무침 – ①과 같은 방법으로 잘 삶아 물기를 짜낸 것을 겨자와 간장으로 무친다.

③ 조림 – 삶은 것을 잘게 썰어 다시마 국물과 간장으로 국물이 없어질 때까지 천천히 조린다.

④ 구기자 밥 – 약간 소금기를 넣어 지은 밥에 삶아 잘게 썬 것을 혼합시킨다.

⑤ 기타 – 튀김, 깨 무침, 국 건데기 등 모든 요리에 이용할 수 있다.

약으로서의 사용법

사용하는 부분 : 열매 · 잎 · 뿌리껍질

열매는 '구기자(枸杞子)'라고 하여 강장 · 강정의 목적으로 또 잎은 '구기엽(枸杞葉)'이라고 하여 혈관강화 · 혈압정상 · 자양강장용으로서 또 근피는 '지골피(地骨皮)'라고 하여 결핵성 해열약으로서 사용한다. 열매는 가을, 잎은 봄~가을, 근피는 가을~겨울에 채취하여 햇볕에 건조시킨다.

① 강장 · 강정 – 열매 5~10g, 황밤 10g, 대추 8g(모든 건조한 것)을 같이 2컵의 물에 넣어 약한 불로 약 반이 될 때까지 달인다. 이것을 하루량으로 하여 2~3회 나누어 먹는다. 어린 잎의 생식이나 근피주를 소량씩 마시는 것도 효과가 있다.

② 해열 · 담 · 기침 – 근피 6~15g을 2.5컵의 물에 넣어 약한 불로 약 반이 될 때까지 달여 이것을 하루량으로 하여 식전 또는 식후에 나누어 마신다.

③ 고혈압 · 저혈압 – 잎 15g을 하루량으로 하여 ②와 같이 달여 매일 차 대신 마신다.

④ 건위 · 신장병 · 간장병 · 폐결핵 – ③과 같이 달여 먹는다. 이 약초차 에 깨소금(검은깨)을 한 숟가락 넣어 마시는 것도 효과가 있다.

⑤ 당뇨병 · 불면증 · 강장 – 구기자주 1~2잔을 매일 계속 먹는다.

 구기자주 만드는 법

줄기 · 잎 · 뿌리 · 열매 등 어느 부분이나 이용할 수가 있는데 열매를 쓰는 것이 일반적이다. 충분히 익은 열매를 따서 살짝 씻고 가제 주머니에 넣어 약 3배량의 소주 35도를 부어 밀봉하여 냉암소에 3개월 정도 보관한다. 익으면 열매를 꺼내 고 마신다. 꿀을 섞어 마셔도 좋다.

까마귀머루

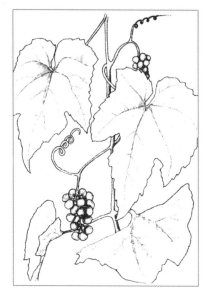

포도과
높이 : 2~5m
꽃 피는 시기 : 6~8월(여름)

특징

① 포도를 닮은 자웅이 다른 그루인 덩굴성 식물이다.

② 잎은 서로 대생(對生)하여 나고 줄기는 덩굴성으로 다른 것에 휘감기
면서 자라 올라간다. 덩굴손은 한마디 건너 두마디에 붙고 또 한마디
건너 두마디에 붙는 독특한 부착 방법을 하고 있다.

③ 잎은 포도잎을 닮은 심장형에 가까운 원형이고, 3~5개로 깊이 들어간
자국이 있다. 가장자리는 거치른 형이고 표면은 무모(無毛), 뒷면은 백
색 또는 엷은 갈색의 선모(綿毛)가 전면에 있다.

④ 여름에 엷은 황록의 작은 꽃이 핀다.

⑤ 가을 5mm 크기의 흑자색 열매가 송이 모양으로 달린다.

＊ 산과 들의 양지 바른 곳에서 자란다.

맛있게 먹는 법

먹는 부분 : 새순(줄기 끝) · 어린 잎 · 과일

흔히 색을 말할 때 포도색이라고 하는데, 이것은 포도덩굴의 과실을 짰을 때 나오는 즙의 색깔로 연한 자색을 나타낸다. 또한 같은 야생초에 생장하는 비슷한 식물로 개머루, 왕머루도 있는데 개머루의 열매는 먹지 못한다.

① 깨무침 – 새순 또는 어린잎을 모아 소금 한 줌을 넣은 뜨거운 물에 데쳐 물기를 빼고 식힌다. 짜서 적당한 크기로 썰어 깨 · 간장 입맛에 맞게끔 조미료 혹은 꿀을 넣어 잘 무친다. 똑같은 방법으로 땅콩 무침을 하여도 맛이 있다.

② 겨자 무침 – ①과 같이 데쳐 잘게 썬 것을 겨자와 간장으로 잘 무친다.

③ 초 · 된장 무침 – ①과 같이 데쳐 적당한 크기로 썬 것에 식초 · 된장 · 조미료를 넣어 무친다.

④ 튀김 – 덩굴 끝은 몇 개를 같이 모으고, 어린 잎은 반죽을 한 쪽에 묻혀 튀긴다.

⑤ 과실의 생식 – 씻어서 보통 포도와 같이 먹는다.

약으로서의 사용법

사용하는 부분 : 잎 · 줄기 · 뿌리

잎이나 줄기는 여름에서 겨울에 걸쳐 채취한 것을 햇볕에 건조시켜 쓴다. 뿌리는 가을에서 겨울에 걸쳐 채취한 것을 물로 씻어 햇볕에 건조하여 사용한다.

① 사마귀 · 티눈 · 점(검정사마귀) – 건조시킨 잎을 비벼 쑥 대신에 환부에 붙이고 4~5일 계속 뜸을 뜬다.

② 부종 · 임질 – 말린 뿌리 약 10~15g을 하루량으로 하여 2.5컵의 물에 넣고 약한 불로 반이 될 때까지 달여서 이것을 세 번으로 나누어 식전 또는 식후의 공복 시에 먹는다.

③ 종기 – 말린 뿌리를 ②와 같이 하여 먹으면 특효다.

 까마귀머루주 만드는 법

검게 익은 열매를 씻어서 물기를 제거해 둔다. 뚜껑 넓은 병에 넣고 약 3배의 소주를 넣어 밀봉하여 3개월간 숙성시킨 후 열매를 꺼내고 물 혹은 다른 과실주와 타서 마신다. 기호에 따라 꿀을 넣어도 좋다.

바늘겨레로서도 사용

옛이름은 포도갈(葡萄葛), 홍엽(紅葉)의 아름다운 덩굴풀의 하나다. 잎의 뒷면에 밀생하는 선모를 모아 재봉의 바늘겨레의 재료로서도 사용했다.

약이 되는 음식

열나는 아이에 머루주 한 스푼하면 떠오르는 어린 시절 기억 하나. 고향 마을 어귀에는 꽤 그늘이 깊은 숲이 있어 한여름 대낮이면 어른 아이 할 것없이 그곳으로 몰려들곤 했다.

하루는 임신한 동네 새댁도 무거운 몸을 이끌고 숲을 찾았다. 그런데 정작 그 새댁이 숲을 찾은 것은 더위 때문이 아니었다. 머루덩굴의 풋머루를 따먹기 위해서였다. 입덧 탓에 신 게 먹고 싶었던 것이다.

이처럼 과일이 귀하던 시절에는 시큼한 머루를 임신부의 헛구역질을 다스리는 데 이용하기도 했다. 신맛의 대명사로는 석류가 꼽히지만 시골에서 자란 사람이라면 머루를 떠올릴 때도 입에 침이 괸다(머루의 산도는 pH 3~3.5이다). 머루는 열매뿐 아니라 잎도 새콤해 이빨로 자근자근 씹으면 갈증이 가실 정도다.

머루는 다래와 함께 우리 조상들의 사랑을 받아온 야생 과일로, 외모에서 보듯 포도와 형제뻘이다. 우리나라를 비롯해 동아시아에서만 자생하는데, 주로 식용이나 머루주용으로 이용해 왔다. 구불구불한 줄기는 용을 닮았다고 해서 목룡(木龍)이라고 부르기도 하며, 탄력이 좋아 지팡이 소재로 널리 쓰였다. 우리나라에 자생하는 머루에는 머루-왕머루-새머루-까마귀머루-개머루 등 5종이 있는데, 왕머루가 가장 넓게 분포돼 있다. 그러니까 우리가 흔히 머루라고 부르는 것은 대부분 왕머루라고 보면 된다. 요즘은 머루주를 담기 위해 머루를 재배하기도 하며, 포도와 교잡한 머루포도도 등장했다.

머루는 당질-섬유질-회분-칼슘-주석산 등이 풍부해 피로 회복과 식욕 증진을 도와주는 것으로 알려져 있다. 민간에서는 머루를 빈혈 치료제와 강장제로 이용했으며, 남성의 발기 불능에도 썼다고 한다. 머루주는 보신 보혈제로 좋다. 예부터 회복기 환자의 기력 증진이나 아이들이 감기에 걸렸을 때 조금씩 먹여 열을 내리게 하기도 했다.

꿀풀

꿀풀과
높이 : 20~30cm
꽃 피는 시기 : 6~8월(여름)

특징

① 봄에 눈이 나오고 여름에 꽃이 지면 지상부가 시들기 때문에 '서주하
　고초(徐州夏枯草)' 라고 하는 다년초다.

② 줄기는 4각형이고 아랫 부분이 약간 지상에 뻗어 나가서 일어나고 줄
　기의 끝에 큰꽃이 하나 달린다.

③ 잎은 서로 마주하여 나며(대생), 3~8cm 길이의 가늘고 긴 타원형이
　고 그 끝은 둥글다.

④ 옛날에 화살을 넣어 허리에 차고 다니던 '전동' 을 닮은 꽃이삭에 적자
　색의 작은 꽃이 여름에 이삭을 따라 많이 핀다.

＊ 햇볕이 잘 드는 산야에 잘 자란다.

맛있게 먹는 법

먹는 부분 : 꽃이삭 · 잎
식물에 서투른 사람은 특징이 잘 나타나지 않는 어린 잎은 다른 풀과 구

별이 잘 안된다. 그래서 식별이 잘 되는 개화기에 이용한다.

① 튀김 – 꽃을 이삭째 뜯어 씻고 물기를 뺀다. 약간 묽은 반죽으로 하여 튀긴다.

② 꽃의 양념장 무침 – 이삭에서 꽃만 뜯어내 끓는 물에 살짝 데쳐서 초·소금·간장 조금과 꿀로 무친다. 이 꽃은 초를 뿌리면 색이 빨개져 아름답다.

③ 깨된장 무침 – 잎을 잘게 썰어 깨와 된장을 섞어 다시마 국물에 적셔 잘 무친다.

약으로서의 사용법

사용하는 부분 : 꽃이삭·잎·줄기

꽃이삭은 꽃이 피는 6~7월에 채취하여 그늘에 말리고, 습기를 받지 않게 보관한다. 전초는 햇볕에 충분히 건조시킨다. 이것을 한방에서는 '하고초(夏枯草)' 라고 하여 이뇨작용이나 염증을 없애는 작용이 크기 때문에 옛날부터 임질을 고치는 데 사용하였다.

① 임질 – 전초 20g을 하부엽 20g에 섞어 3컵의 물에 넣고, 약한 불로 약 반이 될 때까지 이것을 하루량으로 하여 3회로 나누어 먹는다.

② 당뇨병·위장병 – 꽃이삭 10g을 2.5컵의 물에 넣어 약한 불로 약 반이 될 때까지 달여 이것을 하루 3회 식전 또는 식후에 먹는다.

③ 종기·나력(오래 잘 낫지 않는 것에 특히 좋다) – 전초 8g과 감초 1g을 ②와 같이 달여 먹으면 효과가 있다.

꿀물과 하고초(夏枯草)

이 풀은 꽃이삭의 형이 화살을 넣는 '전동'을 닮아 '전동초' 라고도 불리운다. 별명인 하고초는 중국명을 그대로 쓰는 것이다.

6월 21~22일의 하지 때부터 꽃이 피기 시작하여 7월에는 거의 시들어져 꽃이삭은 암갈색이 된다. 가을을 기다리지 않고 여름에 빨리 시들기 때문에 한문명의 하고초라는 명칭이 생겼다.

옛날 어린이들은 이 작은 꽃을 이삭에서 뜯어내 꿀을 빨든가 그 꽃을 개미에게 주며 놀았다.

꿀풀, 차·나물·술 등 용도 다양해

"소가 먹는 풀 100가지는 죽는 사람도 살린다.", "염소가 먹는 풀 100가지는 앉은뱅이도 일으켜 세운다."
필자가 어릴 때부터 많이 들어온 속설이다.

이런 속설을 믿고 있는 어떤 시골 목사님이 성도들의 건강을 위해 100가지 산야생초를 뜯어다 '백초환'을 만들어 공급하는 것을 본 적이 있다. 꿀풀도 그 가운데 하나로 영양가가 풍부하다는 것이 가장 큰 장점이다. 두번째 장점은 어느 곳에서도 잘 자란다는 것으로 그만큼 많은 사람들이 상용한다는 뜻이기도 하다. 꿀풀을 이용해 차를 만들면 한여름 피서용 차가 되고 동시에 이뇨작용도 해 부종을 치료하는 데 도움이 되기도 한다. 꽃과 줄기, 잎을 따다가 3배 정도 되는 소주에 담가 두면 아주 좋은 술이 되고 어린 잎은 연중 내내 나물로 먹을 수 있다. 꿀풀을 달여 머리를 감으면 비듬이 없어진다고 해서 옛 어른들은 이 물로 머리를 감곤 했다.

산야생초의 효능은 과학적으로 입증된 것도 있지만 아직까지는 경험의학 또는 구전의학적 소견으로 전해지는 것이 대부분이다. 꿀풀도 고혈압과 결핵, B형 간염, 소화불량, 눈병, 구내염, 편도선염 등과 같은 기관지 계통의 질환에 좋은 것으로 알려져 많이 이용돼 왔다. 옛 어른들은 약효가 있는 산야생초를 상용하는 방법으로 응달에서 말려 차로 만들어 먹는 법을 자주 썼다.

산야생초를 연구하면서 터득한 진리는 산야생초에는 인체에 필요한 효소과 더불어 각종 비타민과 미네랄이 거의 완벽하게 들어있다는 사실이다. 소는 풀만 먹고 사는 데도 생명에 필요한 모든 것을 다 공급받고 있을 뿐만 아니라 기운도 사람보다 강하지 않은가. 사료로 키우는 소와 산과 들에서 자생하는 풀을 뜯고 자라는 소는 그 모양부터 다르고 힘도 다르다는 것은 소 싸움꾼들 사이에 이미 널리 알려져 있다. 소가 먹는 풀들이 죽는 사람도 살린다는 사실을 음미하면서 신록의 계절인 5월을 꿀풀로 건강하게 맞이해 보자.

[국민일보] 2000-05-10

달래

백합과
높이 : 40~60cm
꽃 피는 시기 : 5~6월(봄~초여름)

특징

① 줄기는 연하고 가는 기둥 모양을 하고 파를 닮아 파와 같은 냄새를 가진 다년초다.

② 5~6월경 한줄기 자란 꽃줄기 끝에 백자색의 작은 꽃이 둥글게 뭉쳐 피어 있다.

③ 지하경(地下莖)은 염교와 닮은 인경(鱗莖)으로 매운 맛이 강한 곳이다. 주아(다육질의 눈으로, 지면에 떨어지면 발아한다)를 만들어 발아한다.

＊ 도랑가나 제방, 밭둑 등에서 자란다.

맛있게 먹는 법

먹는 부분 : 인경 · 어린 잎 · 줄기

뿌리를 잡아당겨 땅 속에 있는 백구(인경)를 남기지 않고 모두 파낸다. 잎이 굵고 긴 것을 골라 파면 큰 뿌리를 발견할 수 있다. 이 뿌리는 1년 중

식용이 된다.

① 생식 – 줄기를 잘 씻어 그대로 된장을 찍어 먹는다. 짜릿하며 맵고, 술 안주에 아주 적당하다.

② 초된장 무침 – 봄의 어린 잎을 쓴다. 소금을 한 줌 넣은 끓는 물에 살짝 데쳐 물에 헹구어 물기를 빼고 3~4cm의 길이로 썰어 초 · 된장 · 미림으로 무친다. 이것에 인경을 잘게 썬 것을 조금 넣어도 좋다.

③ 깨된장 무침 – ②와 같이 데쳐 썬 것을 깨와 다시마 국물에 섞은 된장으로 무친다.

④ 끓인 요리 – 파의 대용으로 끓일 음식에 쓴다.

⑤ 양념 – 어린 잎을 잘게 썰어서 우동이나 국수 등의 양념으로 쓴다. 두부를 쓰는 요리에도 맞는다.

약으로서의 사용법

사용하는 부분 : 잎줄기, 인경

봄에서 여름에 채취하여 날것으로 또는 햇볕에 건조시킨 것을 쓴다.

① 벌레 물림 – 생엽의 즙이나 뿌리를 찧은 것을 환부에 바른다.

② 식욕증진 · 근위 · 정양 · 보온 · 안면 – 건조시킨 잎줄기 20~30g을 2컵의 물에 넣어 약한 불로 반이 될 때까지 달여 이것을 하루량으로 하여 식전 또는 식후에 먹는다.

③ 강정 · 강장 – 채취한 뿌리를 잘 씻어 날것으로 약 3배의 소주(35도)에 넣어 한 달 정도 지나서 이 술을 한 잔씩 매일 마신다.

 달래는 파, 양파, 마늘, 염교 등과 같은 종류로 영양가가 높은 야생초다. 이식하여 가까이에 두어 많이 이용하면 좋다.

달래와 큰 산파

달래 종류에 큰 산파가 있다. 모두 백합과로 모양이 닮았다. 모두 파맛과 비슷하고 맛있는 야생초다. 달래는 직경 1~1.5cm의 희고 둥근 땅속줄기를 가지고 있으나 큰 산파는 염교 뿌리와 같이 갈색의 껍질이 있다. 달래는 전국 각지의 들에 자생하나 큰 산파는 높은 산이나 북부지방 이외에는 그다지 보이지 않고 시장에 나오는 것은 거의 재배를 한 것이다. 달래는 야산(野蒜)으로 산(蒜)이란 파나 마늘 종류의 총칭이다.

닭의장풀

닭의장풀과
높이 : 30~50cm
꽃 피는 시기 : 6~10월(여름~가을)

특징

① 코발트블루의 나비형 꽃이 피는 1년초다. 이 꽃은 아침에 피고 저녁에 지는 무상한 생명이다.

② 줄기는 처음에 땅에 숙여 있으나, 이내 선단을 들어 일어서고 마디를 만들게 된다.

③ 잎은 서로 엇갈려 피는 호생이고 5~8cm의 계란형이며 털이 없고 대나무잎을 닮았다.

＊ 길가나 밭두렁의 습기가 있는 곳, 인가 근처의 황무지 등에 자란다.

맛있게 먹는 법

먹는 부분 : 어린 잎 · 줄기 · 꽃

누구에게나 친근감을 주는 마을의 식물로 아침 이슬에 젖은 가련한 예쁜 꽃을 보면 이렇게도 예쁜 꽃이 있었든가 하고 다시 한 번 보게 된다.

① 기름 지짐 – 어린 잎 또는 줄기의 상부 세 마디를 뜯어 소금을 한 줌 넣은 끓는 물에 잘 삶아 찬 물에 식혀 짠다. 적당한 길이로 썰어 기름으로 지져, 소금과 후추로 맛을 낸다.

② 겨자 무침 – 삶아 물기를 없앤 잎, 줄기를 겨자와 간장으로 무친다.

③ 줄기의 초간장 무침 – 연한 줄기만을 골라 소금을 한 줌 넣은 끓는 물로 잘 삶아 찬 물로 식혀 길이를 맞추어 잘라 수분을 뺀다. 간장과 초를 적당히 쳐서 먹는다.

④ 조림 – 삶은 잎과 줄기를 다시마 국물에 조려 간장과 미림으로 맛을 낸다.

⑤ 꽃의 샐러드 – 옥색의 예쁜 꽃을 먹기 직전에 뜯어 샐러드에 곁들이면 좋다. 맑은 장국에 띄워도 좋다. 모처럼의 꽃색을 망가뜨리지 않게 주의를 요한다.

약으로서의 사용법

사용하는 부분 : 전초(잎 · 줄기)

전초를 꽃이 필 무렵에 거두어 햇볕에 잘 말려 둔다.

① 이뇨 · 현기증 · 류마티스 – 말린 잎과 줄기 약 20g을 2.5컵의 물에 넣어 약한 불로 약 반 정도 될 때까지 달여 이것을 하루량으로 하여 식전 또는 식간에 먹는다. 요폐(尿閉, 방광병의 일종)색에는 건조시킨 잎 · 줄기 10g에 건조시킨 질경이 10g을 섞어 같은 방법으로 달여 먹는다.

② 땀띠 · 옻 · 땀 – 충분히 건조시킨 잎 · 줄기를 잘게 썰어 목면의 거치른 주머니에 넣어 욕조에 띄운다. 그 속에서 환부를 씻는다. 닭의장풀은 또 심장병이나 동맥경화에도 효과가 있다고 한다.

 줄기가 굳을 때는 다소 귀찮지만 껍질을 벗기면 연하여진다. 닭의장풀을 냄비요리의 파란 채소로 사용해도 좋다.

닭의장풀의 비밀

 너무 흔해서 눈여겨보지 않은 꽃, 하지만 누구나 마음 속에서 친근하게 생각하는 식물이 '닭의장풀'이 아닌가 싶습니다. 닭의장풀은 흔히 '달개비'라고 부르는 식물을 말합니다.

예전엔 대개 마당 한 구석에 닭장이나 토끼장같은 것이 있었는데 그 근처에서 흔히 볼 수 있는 풀이라 해서 붙여진 이름입니다. 꽃잎 모양이 닭벼슬 같아서 얻은 이름이라는 이야기도 있지요. 닭장이라고 하면 진짜 닭장보다 시원하다가 잡혀가는 창문 막힌 버스를 떠올리는 세상이어서 그런지, 사람들이 닭의장풀을 그리 귀히 여기는 것 같지는 않습니다.

하지만 가만히 앉아 이 식물을 들여다보면 얼마나 예쁜지 모릅니다. 요즘 이 식물의 꽃이 한창입니다. 다소 주름진 남빛 꽃잎 두 장이 부채살처럼 퍼지고 그 가운데 선명하게 드러나는 샛노란 수술이 자리 잡아 마치 노란 더듬이를 가진 푸른 나비처럼 보이기도 합니다. 하지만 닭의장풀 꽃의 꽃잎(본래는 꽃받침과의 구분이 없으므로 '화피'라고 부릅니다)은 3장입니다. 그 가운데 두 장은 선명하고 아름다운 빛깔인 반면 나머지 한 장은 작고 반투명해 잘 드러나지 않습니다. 이 화피가 구태여 다른 모습을 하고 있는 이유를 알지 못했습니다.

재미난 것은 사람들에게 닭의장풀 수술이 무엇이냐고 물으면 가운데 쪽에 남색 꽃잎을 배경으로 선명하게 두드러지는 가운데 노란 부분을 이야기합니다. 하지만 이것이 수술은 맞지만 꽃밥은 묻어 있지 않으니 제 구실하는 진정한 수술이라고 할 수 없습니다.

당나라 시인 두보는 이 꽃을 기르면서 꽃이 피는 대나무라 하여 아주 좋아했다고 합니다. 옛 사람처럼 이 푸른 꽃잎은 비단을 물들이는 호사는 아니더라고 우리가 이름이 주는 선입견에 가려 비밀에 쌓인 식물 하나를 소홀히 한 것이 아닌가 싶습니다.

[한국일보] 2003-08-18

덧나무(접골목)

인동과
높이 : 3~5m
꽃 피는 시기 : 4~6월(봄)

특징

① 새의 홰나 나무쪽 세공(細工)에도 사용되는 재질이 연한 낙엽관목
  이다.
② 봄에 제일 먼저 다른 식물에 앞서 작은 가지의 선단에 둥글고 큰 순이
  나오고 작은 흰꽃이 뭉쳐 핀다.
③ 가지를 꺾으면 갈색의 굵은 고갱이와 흰 줄기가 있다.
④ 잎을 찢어 보면, 덧나무 특유의 냄새가 난다. 가을에 빨간 작은 열매가
  가득히 달린다.

✳ 야산에 자생하고 뜰의 생울타리도 된다.

맛있게 먹는 법

먹는 부분 : 새순

이른 봄, 작은 가지의 끝이나 마디마디에 둥글게 부풀어 오른 것을 쓴다. 학자들은 오랫동안 나무를 유독한 것으로 분류하고 있었으나 사람들은 그동안 많이 먹고 있었다.

① 튀김 – 새순을 흐트러지지 않게 뜯어 보통 정도의 반죽을 하여 튀긴다.

② 조림 요리 – 소금을 한 줌 넣은 뜨거운 물로 삶아 찬물에 충분히 헹구어 떫은 맛을 빼고 물기를 짜낸다. 이것을 썰어 기름으로 볶고, 간장으로 국물기가 없어질 때까지 볶는다.

③ 겨자 무침 – 삶아 떫은 맛을 없앤 것을 적당한 크기로 자른 후 겨자와 간장으로 잘 무친다.

④ 깨 무침 – ③과 같이 삶아 떫은 맛을 뺀 후 잘게 썬 것을 깨·간장·미림이나 꿀로 무친다.

약으로서의 사용법

사용하는 부분 : 가지·잎

9월경 것이 성분상으로 가장 우수하다. 연중 이용할 수 있다. 생으로 혹은 햇볕에 건조시킨 것을 사용한다.

① 삔데·타박상·골절 – 생으로 또는 건조시킨 잎·가지를 가늘게 썰어 진하게 달여 그 즙으로 환부에 하루 5~6회 정도 더운 찜질을 한다.

또 이 즙에 술을 조금 섞어 더운 찜질을 하여도 좋고 또 즙이 물엿 상태가 될 때까지 졸여 액기스를 만들어 환부에 발라 두어도 좋은 효과가 있다.

② 신경통·류머티즘·요통 – 건조시킨 잎·가지 20g에 감초 5g을 가하여 2.5컵의 물에 넣고 약한 불로 약 반이 될 때까지 달인다.

이것을 하루량으로 하여 식전 또는 식후에 나누어 먹는다. 달인 즙의 더운 찜질·목욕 등을 겸하여 하면 더욱 효과가 있다.

식용, 관상용, 약용으로 쓰이고 한방과 민간에서는 풀 전체를 골절, 중독, 경통, 발한, 이뇨, 좌상, 폐렴, 수종, 치통, 해열, 신경염 등에 약재로 쓴다.

나무는 가을에 채취하는 것이 좋으며 그늘에 충분히 말린 후 적당한 크기로 잘라서 종이 봉지에 보관한다.

접골목 잎이나 뿌리, 가지 등을 달인 즙으로 찜질을 하면 류머티즘, 통풍에 효과가 있다. 말린 꽃을 달여 마시면 감기, 류머티즘 등에 발한제로서 효과가 있다.

한방에서는 가지와 잎을 타박, 좌상 등에 외용으로 온포하면 특효약이라고 하였다.

덧나무주(酒)의 제조법

충분히 익은 과실을 살짝 물로 씻어 소쿠리에 담아 물기를 뺀다. 이것을 병에 넣어 약 3배의 소주(35도)를 부어 3개월간 보관했다가 열매를 꺼내고 냉암소에 두고 적당히 꿀 등을 타서 마신다. 과실은 가제 주머니에 넣어 두면 꺼내기 편하다.

접골목의 유래

골절이나 타박상에 잘 듣기 때문에 '접골목(接骨木)'인 것이다. 뜰에 심어 두면 여러 가지로 이용되기 때문에 친척집 뜰에 이 나무가 있으면 이식하면 좋다. 매우 튼튼한 나무이기 때문에 관리도 쉽다.

도꼬마리

국화과
높이 : 50cm~1m
꽃 피는 시기 : 8~10월(여름~가을)

특징

① 북미 원산의 귀화식물(歸化植物)로 사전(史前) 귀화식물의 도꼬마리를 능
  가하여 도회지 가까이에서 보이는 것은 거의 이 도꼬마리로 되어 있다.

② 줄기·잎 모두 거치른 털이 있어서 일본 이름 그대로 강한 느낌을 주
  는 1년초다.

③ 잎에는 적갈색의 잎줄기가 있고 줄기에 서로 엇갈려 나와 있다(호생).
  길이 10~20cm로 자라나며 가장자리는 깔쭉깔쭉하며 불규칙하고 크
  게 움푹한 곳이 있댜.

④ 여름부터 가을에 걸쳐 수꽃이 가지 끝에 원추형으로 피고 또 암꽃은
  가지 끝이나 잎의 밑에 이삭 모양으로 핀다.

⑤ 과실은 길이 1cm 정도의 타원구로 2개의 부리가 있고, 표면에 길이
  4mm 정도의 가시가 밤송이 모양으로 많이 붙어 있으며 끝이 구부러
  진다.

＊ 길가나 황무지에 서식한다.

맛있게 먹는 법

먹는 부분 : 어린 잎

제방이나 황무지에 보이는 이 풀의 열매는 이전에는 스웨터 등 앞가슴에 붙여 훈장으로 하는 어린이의 놀이에 많이 쓰여졌다. 이와 닮은 털진득찰도 같이 먹을 수 있다.

① 튀김 – 이른 봄 가능한 한 어린 잎을 따서 씻어 물기를 빼고 반죽을 뒷면에 묻혀 바삭바삭하게 튀긴다.

② 깨 무침 – 아주 연한 어린 눈을 뜯는다. 소금을 한 줌 넣은 끓는 물로 충분히 삶아 물에 헹구어 떫은 맛을 빼고 짜서 잘게 썰어 깨 · 간장 · 미림이나 꿀로 무친다.

③ 기름된장 지짐 – ②와 같이 삶아 떫은 맛을 없앤 것을 잘게 썰어 기름으로 충분히 지져 넉넉한 된장과 미림이나 꿀을 넣어 다시 잘 지진다.

약으로서의 사용법

사용하는 부분 : 과실 · 잎

과실은 충분히 익은 9~10월에 따서 햇볕에 잘 건조시킨다. 이것을 한방에서는 '창이(蒼耳)' 라고 하여 발즙과 해열에 효과가 커서 감기약 · 두통약으로 이용한다. 잎은 날 것을 쓴다.

① 감기 · 두통 · 신경통 · 관절통 – 과실 10~15g을 2.5컵의 물에 넣어 약한 불로 약 반이 될 때까지 달여 이것을 하루량으로 하여 식전 또는 식후에 먹는다.

② 옴 · 습진 · 벌레 물림 – 신선한 날잎을 잘 비벼서 그 즙을 환부에 붙인다.

 도꼬마리와 털진득찰

도꼬마리는 암수가 있어 어느 것이나 생명력이 강한 1년초인데 털진득찰에는 다음과 같은 특징이 있다. a. 도꼬마리보다 약간 높은 산야의 황무지에 잘 산다. b. 도꼬마리의 잎은 호생인데 털진득찰은 대생이고 백색의 작은 털이 전면에 나 있다. c. 잎의 모양은 도꼬마리보다 소형이고 원형에 가까운 삼각형이다. 끝이 뾰족하고 가장자리는 깔쭉깔쭉하며, 3개의 줄기가 눈에 띈다. d. 꽃 부분은 선모(腺毛)가 밀생하고 상당히 끈적끈적하다. 털진득찰의 잎을 말린 것을 한방에서는 '희험(稀薟)' 이라고 하여 악창(惡瘡) · 종독(腫毒)에 유효하고, 중풍에도 잘 듣는다고 한다.

맑은 콧물은 뜨거운 물수건 찜질이 효험

비염이나 축농증으로 인한 콧물, 코막힘 등의 증상은 1년 내내 또는 환절기마다 만성적으로 나타나기 때문에 정확하게 진단받고 꾸준히 치료를 받아야 한다. 조금만 찬공기를 쐐도 재채기와 함께 맑은 콧물이 흐르고 코가 막히는 것은 전형적인 비염 증상인데, 이때는 길가나 들판에 흔히 있는 '도꼬마리(한약명·창이자)'가 좋다.

도꼬마리는 발한, 소염작용이 있어 알레르기성 비염에 특히 많이 쓰인다.

술 한 대접에 도꼬마리를 한 줌 넣고, 너무 세지 않은 불로 술이 반으로 줄 때까지 달인 후 하루 3번 정도 먹으면 좋다.

그러나 도꼬마리에는 독이 약간 있기 때문에 1주일 이상은 먹지 않는 게 좋다. 비염을 오래두면 코막힘과 콧소리가 나는 비후성 비염으로 진행된다. 이때는 참외꼭지(과체) 말린 것과 족도리풀 뿌리(세신)를 같은 양으로 가루를 내어, 물이나 꿀에 반죽하여 코 안에 넣고 솜으로 막으면, 비후된 부분이 차츰 없어진다.

이때 물이나 꿀 대신 개의 쓸개즙(견담)으로 반죽하면 더 효과적이다.

만약 축농증으로 코가 막히고 누렇고 탁한 콧물이 나올 때는 소염작용과 거담작용이 강한 수세미가 좋다.

수세미를 즙을 내어 먹어도 좋고, 말린 후 끓여 먹어도 좋다.

또 목련꽃 봉오리(신이)를 가루로 만들어 파 끓인 물에 5g씩 타 먹으면 좋다. 목련꽃 봉오리는 염증을 없애는 작용이 강하며, 파 끓인 물도 코막힘에 좋다. 한편 비염이나 축농증이 있을 때는 생리식염수로 하루 2회 정도 코 속을 씻어 내는 게 좋다.

또 뜨거운 물수건으로 코 부위와 목 뒤 대추혈 부위를 찜질해 주면 재채기와 콧물이 진정된다.

[조선일보] 2001-12-06

도라지

초롱꽃과
높이 : 40cm~1m
꽃 피는 시기 : 7~9월(여름~초가을)

특징

① 야산에는 물론 뜰에도 보통 보이는 다년초이고 꽃꽂이용으로도 재배
   된다.
② 줄기는 곧게 자라고 둥글고 꺾으면 흰 유액이 나온다.
③ 잎은 서로 엇갈려 붙고 길이 3~7cm의 계란형으로 끝이 뾰족하고 가
   장자리에 깔쭉깔쭉함이 있고 뒷면에 희끄스름하다.
④ 줄기의 상부에 작은 가지가 있고 그 끝에 청자색의 종 모양의 꽃이 핀
   다. 흰색도 핀다.
⑤ 뿌리는 굵고 황백색이다.

＊ 햇볕이 잘 드는 잘 건조된 야산의 초지 등에 서식한다.

맛있게 먹는 법

먹는 부분 : 어린 잎 · 꽃 · 뿌리

꽃은 산을 만나면 빨갛게 예쁜 색으로 변한다.

① 나물 – 어린 잎을 뜯어서 소금을 한 줌 넣은 끓는 물에 삶아 물에 헹구
고 물기를 짜서 적당한 크기로 썬다. 가다랭이포, 뱅어포, 간장 등을
쳐서 먹는다.

② 깨 무침 – ①과 같이 삶아 적당한 크기로 썬 것을 깨 · 간장 · 미림이
나 꿀로 무친다.

③ 초된장 무침 – 초 · 된장 · 미림을 섞어 삶아 적당히 썬 어린 잎과 무
친다. 된장은 싱거운 것이 좋다.

④ 튀김 – 어린 잎의 양면에 반죽을 묻혀 바삭바삭하게 튀긴다.

⑤ 꽃의 양념장 무침 – 꽃잎만을 모아서 열탕에 살짝 데쳐 물기를 빼고
초 · 소금 · 꿀로 무친다. 국 건데기로도 쓰인다.

약으로서의 사용법

사용하는 부분 : 뿌리

6~7월에 채취하여 물로 씻어, 대나무칼로 껍질을 벗긴 후 햇볕에 건조시
킨다. 이것을 '쇄길경(晒桔梗)'이라고 한다. 또 가을에 파내어 잔뿌리를
다듬어 그대로 통풍이 좋은 곳에 달아매어 말린 것은 한방에서 '길경근
(桔梗根)'이라고 한다. 이 길경근의 성분 사포닌에는 담을 없애는 작용을
한다.

① 기관지염 · 기침 · 담 – 길경근 2g을 감초 3g과 2.5컵의 물에 넣어 약
한 불로 약 반이 될 때까지 달여 하루 2~3번 식전 1시간 또는 식후의
공복 시에 나누어 따뜻할 때 먹는다.

② 화농성 편도선염 · 인후통 · 부기 – 길경근 3g, 생강 3g, 대추 6g을 같
이 2.5~3컵의 물에 넣어 약한 불로 약 반이 되도록 달여 식전 또는 식
후에 따뜻한 것을 먹는다.

 뿌리도 우엉볶음을 하든가 절이든가 하여 이용할 수 있다. 우리나라에서는 고추
가루와 같이 무친 것을 선호하고 있다.

두릅나무

두릅나무과
높이 : 3~4m
꽃 피는 시기 : 8월(여름)

특징

① 산야에 많이 보이는 낙엽 관목이고 이른 봄 꼿꼿이 자란 예리한 가시가 있는 줄기의 머리에 나오는 두릅나무 순은 봄이 왔음을 알리는 대표격의 식물이다.

② 가시를 가진 줄기는 나무 끝에 밀집되어 사방에 우산과 같이 퍼져있다. 타원형의 계란 크기 정도의 잎이 마주 보고 많이 붙는다.

③ 잎의 뒷면은 백색이고, 조금 털이 있다.

④ 여름에 백색인 작은 꽃이 많이 핀다.

⑤ 열매는 흑색의 작은 구슬 모양이다.

＊ 벌목을 하고 난 자리나 산지 길 옆의 햇볕이 잘 드는 곳에서 자란다.

맛있게 먹는 법

먹는 부분 : 어린 눈
산채의 왕자다. 나무 전체에 예리한 가시가 있어서 채취할 때에는 장갑을

낀다. 가지 끝에 나온 순이 아직 열리지 않은 길이 7~8cm의 것이 최고
이고, 한 번 뜯어도 다시 나오는데 다음해를 위하여 아주 뜯지 않는 것이
좋다.

① 튀김 – 반죽을 하여 튀긴 후 레몬즙을 약간 떨어뜨려 먹으면 더 좋다.
② 나무순 무침 – 살짝 데쳐 적당한 크기로 썰어 둔다. 지나치게 데치지
  않도록 주의, 산초나무의 순을 절구로 쪄서, 된장과 미림을 넣어 두릅
  순을 무친다.
③ 깨 무침 – ②와 같이 데쳐 적당한 크기로 썬 것을 깨ㆍ간장ㆍ미림 또는
  꿀로 무친다.
④ 기름 지짐 – 약간 굳을 정도로 데친 것을 비스듬히 잘라 기름으로 지진
  다. 소금ㆍ후추로 맛을 낸다. 마가린을 써서 지져도 참으로 맛이 있다.

약으로서의 사용법

사용하는 부분 : 수피ㆍ근피

5~6월에 채취하여 햇볕에 잘 말려 잘게 잘라 둔다.

① 당뇨병 – 근피이면 10g, 수피이면 15g을 2.5컵의 물에 넣어, 약한 불
  로 약 반이 될 때까지 달인다. 이것을 하루량으로 하여 3~4회로 나누
  어 먹는다.
② 위암ㆍ위장병ㆍ신장병 – 근피 10g을 ①과 같이 달여 먹는다.
③ 신경통ㆍ부종 – 근피와 수피를 10g씩 ①과 같이 달여 먹는다.
④ 동상 – 근피 10g, 잇꽃 2g, 마른 생강 2g을 혼합하여 2.5컵의 물에 넣
  어 약한 불로 30분 정도 달인 즙으로 환부를 씻든가 더운 찜질을 한다.

 옛날 나무꾼들은 산에서 이 순을 나무불에 구어서, 뜨거울 때 된장을 발라 반찬
으로 하였다고 한다. 된장에 담으면 보존식이 된다.

호랑이의 날개와도 같이

가지나 줄기에는 예리한 가시가 많아서 마치 '호랑이의 날개'와 같은 모양을 하
고 있다. 그러나 기껏 5~6m 밖에 생장하지 못하고 옆에서 큰 나무가 자라오면,
어느 사이엔가 모습을 감춘다. 겉보기는 약골. 그러나 현대병의 하나인 당뇨병에
대한 효과는 틀림없이 호랑이의 날개다. 꼭 시험하여 봄이 좋겠다.

둥굴레

백합과
높이 : 30~60cm
꽃 피는 시기 : 4~5월(봄)

특징

① 다년초로 지하 줄기는 황백색을 띠고 있으며 가는 수염뿌리가 나있고
   굵고 옆으로 자라 깎아먹으면 단맛이 난다.
② 줄기는 가늘게 한 줄기만 자라며 상부에서 비스듬히 구부러진다.
③ 잎은 길이 5~10cm의 가는 타원형으로 10매 전후이며 줄기에 서로 엇
   갈려 붙어 있다(호생).
④ 봄에 줄기의 밑부분에서 자색을 띤 꽃의 줄거리가 몇 개 아래쪽으로
   나고 그 끝에 1~2개 2cm 정도의 은방울꽃을 닮은 꽃을 피게 한다.
⑤ 열매는 1cm 정도의 둥근형으로 검게 익는다.

＊ 산과 들에서 자란다.

맛있게 먹는 법

먹는 부분 : 어린 싹, 꽃, 뿌리

이른 봄, 땅 속에서 나온 지 얼마 안되는 희물그레한 것이 연하고 맛이 있다. 이와 닮은 진황정(후술)도 먹는다.

① 기름 지짐 – 칼로 땅 속에서 파내는 것 같이 하여 어린 싹을 잘라 흙을 깨끗이 씻어낸 후 소금을 한 줌 넣은 뜨거운 물에 데쳐 물에 헹구어 떫은 맛을 없애고 기름으로 볶아 된장과 조미료로 맛을 낸다.

② 초된장 무침 – ①과 같이 데쳐 떫은 맛을 뺀 것을 식초·된장·조미료로 잘 무친다.

③ 마요네즈 무침 – 어린 순을 따서 모양을 흐트러지지 않게 데쳐 떫은 맛을 빼고 보기좋게 그릇을 담고 마요네즈를 뿌린다.

④ 뿌리 조림 – 수염뿌리에 붙은 흙을 떼고 잘 씻어서 다시마 국물에 넣어 천천히 삶아 간장과 조미료를 쳐 진할 정도로 맛을 낸다.

⑤ 꽃의 초간장 – 꽃을 모아 뜨거운 물에 살짝 넣었다가 식초·소금·꿀로 무친다.

약으로서 사용법

사용하는 부분 : 뿌리줄기

늦가을에 채취하고 자연 또는 일광으로 잘 건조시켜 사용한다. 영양가가 높아 옛날에는 흉작 시의 구황식물로 사용하였고, 자양강장약으로서 강정, 강장, 타박상, 요통 등에 사용되어 있다.

① 강정·강장 – 건조시킨 뿌리줄기 100g에 검은 설탕이나 꿀을 200g을 가하여 1ℓ의 소주에 넣어서 1개월간 재워 둔다. 이 둥굴레주를 매일 두 잔씩 마시면 효과가 있다.

② 노인기미·식은땀·강장·강정 – 건조시킨 뿌리줄기 10g을 2.5컵의 물에 넣고 약한 불로 약 반 정도 될 때까지 끓인다.

이것을 1일량으로 하고 2~3회 식전 또는 식후에 나누어 마신다. 느긋하게 계속 복용한다.

③ 타박상 · 요통 – 생뿌리 줄기를 갈아서 환부에 붙인다. 또 건조시켜 분
말로 한 것을 소맥분에 섞어 초로 갠 것을 발라도 좋다.

 둥굴레와 진황정과 담죽화(淡竹花)

봄 야산에 가보면 나무 그늘이나 대숲에 초록빛을 띤 흰 예쁜 방울 모양의 꽃이 보
인다. 이 셋의 풀은 흡사하게 닮았으나 둥굴레는 줄기가 모가 나고 풀이 넓은 잎이
붙어 있고 지하경은 굵은 육질이고 마디 사이가 긴 데, 진황정은 잎이 가늘고 1년마
다 둥근 혹모양의 마디를 만든다. 담죽화는 뿌리는 짧고 땅속줄기는 없다.

들국화

국화과
높이 : 30cm~1m
꽃 피는 시기 : 8~10월(여름~가을)

특징

① 강변에 나는 들국화다. 다년초로 봄의 어린 모종은 방사형으로 퍼지고, 흰털이 밀생하여 연하고, 성장한 것과는 대단히 달라 보인다.
② 줄기는 곧고 가지가 나와 잎은 서로 엇갈려 나와 있다(호생). 솔잎같은 모양으로 털은 없다.
③ 여름에서 가을에 걸쳐 줄기 상부의 가지에 연한 황록색의 쑥을 닮은 눈에 띄지 않는 꽃이 많이 핀다.
✽ 강변이나 해안의 모래땅 등에 서식한다.

맛있게 먹는 법

먹는 부분 : 어린 잎 · 열매
여름에서 가을로 계절의 움직임을 조용한 들국화 꽃과 더불어 절실히 맛보게 해 주는 식물이다.

① 깨 무침 – 소금을 한 줌 넣은 끓는 물에 잘 삶아 물에 헹구어 충분히 떫은 맛을 빼고, 물기를 짜서 적당한 크기로 잘라, 깨 · 간장과 미림이나 꿀로 무친다.

② 기름 볶음 – 삶아 헹군 것을 적당히 썰어 기름으로 충분히 볶아 된장과 미림으로 맛을 낸다.

③ 열매 조림 – 덜익은 어린 열매를 쓴다. 손으로 훑어내어 삶아서 떫은 맛을 빼고 기름으로 잘 볶아 간장으로 물기가 없어질 때까지 볶는다. 생강을 잘게 썰어 넣으면 좋다.

약으로서의 사용법

사용하는 부분 : 꽃이삭 · 잎

8~9월에 꽃이삭을 취급하고 햇볕에 잘 건조시킨다. 이것을 한방에서 균진고(菌蔯蒿)라고 하여 염증을 없애고 열을 내리게 하고 이뇨 · 이담작용이 있기 때문에 발열성의 황달 · 담낭증 등에 유효하다. 생엽도 효과가 있다.

① 황달 · 부종 · 간염 · 담낭염 – 건조시킨 꽃이삭 10~20g을 2.5컵의 물에 넣어 약한 불로 약 반으로 줄 때까지 달여 이것을 하루량으로 하여 식전 또는 식후에 먹는다.

② 무좀 · 백선 · 기계충 – 날잎을 절구에 잘 찧어서 환부에 바른다. 들국화 특유의 냄새를 가진 기름 속에는 무엇인가 항곰팡이 작용이 있다. 건조시킨 것을 15g 달여서 더운 찜질을 하여도 좋다.

 본래 들국화는 식용으로 이용되는 것보다는 약효면에서의 효과가 크기 때문에 식용에는 맛을 볼 정도로 하고 가을의 꽃이삭이 나올 때의 것을 채취하여 약용으로 쓴다.

균진고 · 균진고양에 대하여

들국화는 겨울이 와도 지상부가 시들지 않고 남아 낡은 줄기(진경)에서 새눈이 나와 재생하기 때문에 '균진고' 라고 한다. 고(蒿)는 풀의 키가 높다는 뜻이다. 가을에 나온 새눈이 월동한 것이나, 봄에 나온 새눈을 '면진고' 라고 하여 같이 한 방용으로서 이용된다. 들국화에는 특유의 방향이 있는 정유가 포함되어 있고 특히 꽃이삭에는 이것이 1%나 함유되어 있다. 카타루성 황달이나 담낭염에 사용되는 '균진고양' 의 처방은 균진고 4g, 산치자(건조시킨 치자나무 열매) 3g, 대황 1g을 혼합하여 3컵의 물에 넣어 약한 불로 약 반으로 줄 때까지 달인다. 이것을 하루량으로 하여 식전 또는 식후에 차게 한 것을 나누어 먹는다.

떡쑥

국화과
높이 : 20~30cm
꽃 피는 시기 : 4~6월(봄)

특징

① 보기에 따뜻해 보이는 풀이고, 황무지나 경작되지 않는 논밭에 뭉쳐나는 2년초다.

② 풀 전체가 잔털을 뒤집어 쓰고 있어 두껍게 보이고 줄기는 밑부터 갈라져 있다.

③ 잎은 서로 엇갈리어 붙고(호생), 가는 주걱 모양을 하고, 길이는 3~6cm이며 끝은 둥글다.

④ 봄에 황색의 작은 꽃이 줄기 끝에 많이 핀다.

＊ 길가, 논밭, 황무지, 인가 근처 등 햇볕이 잘 드는 곳에 서식한다.

맛있게 먹는 법

먹는 부분 : 어린 잎

떡쑥은 봄의 칠초(七草)의 하나다.

일본 헤이안(平安)시대의 시인 和泉武部의 시에 '꽃이 피는 마음도 모르고 봄 들에서 여러 가지 뜯을 수 있는 것은 떡쑥' 이라고 하는 것이 있는데 당시 일본에서도 이 풀을 떡풀로 이용한 것 같다.

꽃이 피기 전 아직 지상에 뻗쳐 있을 때 그루터기째 뜯어 낸다.

이것과 아주 닮은 털이 없는 풀솜나물이라는 것이 있는데 그다지 먹지 않는다.

① 튀김 – 밑에서부터 잘라 씻어서 물기를 없애고 반죽을 해서 튀긴다.

② 쑥떡 – 끓는 물에 잘 삶아 찬물에 충분히 헹구어 물기를 짜내고 잘게 썰고 절구에 넣어 잘 찧어 둔다. 쌀가루를 미지근한 물로 개어 쪄서 떡쑥과 잘 섞어 적당한 크기로 뭉친다. 이것을 살짝 구어 간장에 찍어 먹는다. 4~5개 대꼬챙이에 끼어 구우면 먹기 쉽다.

약으로서의 사용법

사용하는 부분 : 전초(잎 · 줄기 · 꽃)

4~6월경에 뜯어 흙을 씻어내고 햇볕에 건조시킨다. 쪄서 구울 때는 생것을 사용한다.

① 기관지염 · 천식 · 백일해 – 15~20g을 2컵의 물에 넣고, 약한 불로 약 반이 될 때까지 달여 이것을 하루량으로 하여 식전 또는 식후에 나누어 마신다.

② 백선 · 기계충 – 전초 날것을 고추가루와 같이 검게 쪄서 굽는다. 이것을 분말로 하여 좋은 참기름으로 개어서 환부에 1일 수회 바른다. 굽는 방법은 질그릇에 넣고 뚜껑을 하여 짚으로 굽는 것이 가장 좋다. 없는 경우에는 전초를 질그릇에 넣어 뚜껑을 하고 석쇠에 놓아 굽는다.

뜰엉겅퀴

국화과
높이 : 50cm~1m
꽃 피는 시기 : 4~6월(봄~초여름)

특징

① 엉겅퀴에는 많은 종류가 있는데 그 중에서 가장 빨리 꽃이 피는 다년
　초다.

② 꽃이 붙어 있는 부풀은 부분(총포)이나 봉오리에 손을 대면 끈적끈적
　한 접착성이 있는 것이 큰 특징이다.

③ 잎은 껄쭉껄쭉하여 예리하게 뾰족하고 가장자리에는 가시가 있다. 잎
　의 양면에도 털이 있다.

④ 잎은 직립형이고 흰 털이 많이 있으며 윗부분에서 많은 가지를 내는데
　그 가지의 끝에 직경 3cm 정도의 홍자색의 꽃이 핀다. 꽃은 주축의
　끝부터 피기 시작한다.

＊ 햇볕이 잘 드는 산야, 논두렁, 물가, 해안 가까이의 들 등에서 자생한다.

맛있게 먹는 법

먹는 부분 : 어린 순 · 뿌리

엉겅퀴에는 많은 종류가 있다. 모두 먹을 수 있다. 어린 것의 가시는 튀기든가 삶으면 괜찮다.

① 튀김 – 어린 순 · 어린 잎을 씻어 물기를 빼고 묽게 탄 반죽을 양면에 묻혀 튀긴다.

② 깨 무침 – 소금을 한 줌 넣은 끓는 물에 어린 순을 잘 삶아 물에 헹구어 떫은 맛을 빼고 잘게 썬다. 깨 · 간장 · 미림이나 꿀을 섞어 무친다.

③ 호도 무침 – 호도를 잘게 으깨어 간장 · 꿀과 혼합한다. 깨무침과 같이 삶아 썰은 새 순을 무친다.

④ 겨자 무침 – 같은 방법으로 겨자와 간장으로 무친다.

⑤ 기름 지짐 – 떫은 맛을 빼고 잘게 썰은 것을 기름으로 지지고 된장으로 맛을 낸다. 된장은 가능한 한 싱거운 된장이 좋다. 기호로 미림이나 꿀을 넣는다.

⑥ 기름 볶음 – 뿌리를 씻어 질긴 줄기를 빼고 2~3cm 길이로 잘게 자른다. 충분히 삶아서 떫은 맛을 빼고 기름으로 지져 간장으로 볶는다. 깨 · 고추가루를 약간 뿌리면 맛이 있다.

약으로서의 사용법

사용하는 부분 : 잎 · 근경

잎은 봄의 어린 순을, 뿌리는 가을의 충실한 것을 채취한다. 잎 · 뿌리 모두 햇볕에 충분히 건조시켜 사용한다.

① 생리불순 · 자궁부종 · 죽은 피 – 잎 20~30g을 2.5컵의 물에 넣어 약한 불로 약 반이 될 때까지 달여 이것을 하루량으로 하여 식전 또는 식후에 나누어 먹는다.

② 출혈 · 토혈 · 코피 · 항문출혈 · 자대하 – 뿌리를 15g 정도 ①과 같이 달여서 먹는다.

민간과 한방에서는 상처를 입어 피가 나올 때, 암 · 각기 · 하혈 등을 치료하는데 귀한 약재로 사용한다. 피가 나올 때 풀잎을 찧어 환부에 붙이면 피가 곧 멎는 지혈작용을 한다. 또한 암에는 잎이나 뿌리를 짓찧어 달걀흰자와 개어 이를 국소에 붙이면 탁효를 볼 수 있다.

각기병에는 잘 말린 뿌리를 달여 마시거나 그냥 씹어 먹어도 치료에 큰 효과가 있다. 뿌리에는 비타민B가 많이 함유되어 있기 때문이다.

부인의 하혈에는 엉겅퀴 뿌리를 짓찧어 즙을 내서 마시면 즉효하다고 「본초강목」은 기술하고 있다.

 엉겅퀴의 뿌리는 1년 내내 이용된다. 상당히 떫기 때문에 삶은 후 쌀뜨물 등에 하룻밤 담가 두면 좋다.

마타리

마타리과
높이 : 60cm~1m
꽃 피는 시기 : 8~10월(여름~가을)

특징

① 가늘고 홀쭉하게 자라는 다년초로 뿌리 밑에 새 모종이 나와 번식한다.

② 줄기는 곧게 자라고 잎은 마주 대하여 대생이며 날개 모양으로 움푹
들어간 곳이 있고, 가장자리는 거칠게 깔쭉깔쭉하다.

③ 여름에서 가을에 걸쳐 줄기 끝에 좁쌀알같은 작은 황색 꽃이 떼지어
많이 핀다.

＊ 햇볕이 잘 드는 산지나 건조한 초지 등에 자생한다.

맛있게 먹는 법

먹는 부분 : 어린 잎

마타리는 '가을의 토초'의 하나로 '여랑화(女郎花)' 라고도 불린다.

이것과 많이 닮은 풀에 '뚜깔이' 라는 것이 있는데 이것은 꽃색이 희고 잎
도 대형이다. 마타리는 그 가련한 모습이 귀여움을 받아 가을에 꽃집 앞
에 장식되기도 하는 들풀이다. 식용으로서의 가치보다 약용으로서의 가

치가 높은 편이다.

① 튀김 – 잘 씻어서 물기를 없애고 엷은 반죽을 묻혀 바삭바삭하게 튀긴다.

② 기름 볶음 – 소금을 한 줌 넣은 끓는 물에 잘 삶아 찬물로 헹구어 떫은 맛을 뺀다. 이것을 짜서 잘게 썰어 기름으로 볶아 된장으로 맛을 낸다.

③ 나물 – ②와 같이 처리한 것을 적당히 썰어 가다랭이포와 간장을 쳐서 먹는다.

④ 깨된장 무침 – ②와 같이 처리한 것을 잘게 썰어 깨·된장·미림으로 무친다. 된장은 싱거운 것이 좋다.

⑤ 양념장 무침 – 삶아 충분히 헹구어 적당한 크기로 썰어 초·소금·간 장·미림이나 꿀로 무친다. 깨·초무침도 좋다.

⑥ 마타리 밥 – 삶아 떫은 맛을 뺀 것을 잘게 썰어 소금과 간장을 넣어 지 은 밥과 버무린다.

약으로서의 사용법

사용하는 부분 : 뿌리

꽃이 피는 여름부터 가을에 걸쳐 뿌리를 캐내고 씻어서 햇볕에 건조시킨 다. 간장이 썩은 것같은 악취가 있고 이것을 한방에서는 '패장근(敗醬根)' 이라고 하며, 이뇨·해독·부혈·배농·청담의 여러 작용이 있다.

① 부종·하혈·자궁내막염·냉 – 뿌리 10g을 2.5컵의 물에 넣어 약한 불로 약 반이 될 때까지 달여 이것을 하루량으로 하여 식전 또는 식후 에 먹는다.

② 폐농종·담낭증 – 뿌리 10g을 ①과 같이 달여 먹으면 특효하다.

③ 토혈·코피·눈의 충혈 – 뿌리 5~10g을 ①과 같이 달여 먹는다.

 마타리가 사용된 한방처방의 일례로써 '의이부자패장산(薏苡附子敗醬散)'이라 는 것이 있는데, 이것은 화농성 복막염·항문주위염·맹장염 혹은 피부가 건조하 여 벗겨지는 것 같은 무좀 등에 쓰여지는 것이다.

오누이같은 들꽃이여

북한강을 끼고 한참을 달리니 왼쪽에 자그마한 푯말이 눈에 들어온다. '꽃무지 풀무지'. 꽃과 풀이 무더기로 피어 있다는 뜻이다. 푯말을 따라 울퉁불퉁한 산길을 오르니 보랏빛 들국화가 다정히 맞는다.

올 6월 가평에 문을 연 이 곳은 국내에 몇 안 되는 자생화 식물원. 7년 전 우연히 야생화 전시회를 간 것이 인연이 돼 이제는 1만 5000여 평 규모의 식물원 주인이 된 김광수 원장(49)이 전국 방방곡곡을 돌며 모은 종자를 기르고 번식해 가꿔낸 공간이다. 현재 한국 자생화는 4200여 종. 그 중 지금 꽃무지 풀무지에서 만날 수 있는 것은 600여 종이며 400여 종은 번식 단계다.

남부 지방에서만 볼 수 있는 석류, 동백나무 등을 볼 수 있는 남부식물원, 식용 가능한 산부추, 원추리 등을 심은 산채원, 약초원, 향기원, 양치식물원 등 모두 14개 테마 공간으로 나뉘어 있다. 산을 오르다 혹은 길을 걷다 무심히 지나쳤던 수많은 들꽃이 이곳에 오면 모두 특별한 존재다.

이맘때 가장 빛을 발하는 곳은 역시 국화원이다. 흔히 들국화라고 통칭했던 무수한 국화과 꽃들이 이 곳에선 모두 아기자기한 이름으로 불린다. 보랏빛 벌개미취, 유채꽃을 연상시키는 노란 마타리, 한라구절초, 울릉국화 등 10여 가지 자생 국화들이 반갑게 인사한다. 외래종에 더 익숙한 우리 허브도 가득하다. 특히 층층이 꽃이 피는 층꽃은 9월 개화기를 맞아 보랏빛 향기를 뿜으며 정신을 아찔하게 한다. 백리향, 꿀풀, 꽃향유 모두 자생 향기꽃. 정원 안을 거니는 동안 함께 걷던 김 원장이 문득 이마를 찌푸린다. 무심코 디딘 발자국 하나에 자식같은 꽃과 풀이 아파하는 것 같아서란다. 수백 종의 가을 들꽃을 하나하나 둘러보고 나니 주위 만물이 다시 보이기 시작했다.

꽃무지 풀무지를 나설 때 방문객들은 자생화 한 포기씩을 선물받는다. 은은한 가을 향기를 담은 들꽃을 들고 돌아오는 길은 가을 하늘만큼이나 맑고 상쾌하다.

[일간스포츠] 2003-09-17

머위

국화과
높이 : 30~60cm
꽃 피는 시기 : 3~4월(봄)

특징

① 잎은 원형에 가까운 하트형이고 끝이 둥글고 직경이 15~30cm 정도
   다. 가장자리는 잘게 톱니와 같이 된 다년초다.

② 식용이 되는 부분으로 줄기와 같이 보이는 것은 잎의 줄기로 길이
   20~50cm나 된다. 꺾으면 독특한 향이 있고 속은 비어 있다.

③ 줄기는 땅 속에 있어 이른 봄 눈이 녹을 때, 잎이 피기 전에 꽃이 핀다.
   이것이 머위의 새순으로 백색으로 보이는 것은 암술의 꽃이고 황백색
   으로 보이는 것은 수술의 꽃이다.

＊ 약간 습기가 있는 낮은 산지나 길가 등에 서식한다.

맛있게 먹는 법

먹는 부분 : 어린 잎 · 줄기(잎의 가지), 머위의 새순
눈 속에서 얼굴을 내밀고 재빨리 봄 소식을 알리는 머위의 새순은 봄을
기다리는 우리들의 마음을 들뜨게 한다. 들에 퍼지는 향기의 대표격으로

쌉쌀한 맛을 아껴 여러 가지로 연구해 보자.

① 찜 – 줄기를 쓴다. 껍질을 깨끗이 벗겨 끓는 물에 소금을 한 줌 넣고 삶아 찬물에 한참 헹구어 떫은 맛을 빼고 4cm 정도의 길이로 썬다. 냄비에 충분히 다시마 국물을 넣고 소금 · 간장 · 미림으로 천천히 조린다. 얼린 두부, 유부, 표고 등을 같이 조리면 맛이 있다.

② 머위 조림 – 껍질을 벗기고(작은 것은 그대로), 충분히 삶아 적당한 길이로 잘라 다시마 국물과 간장으로 국물이 없어질 때까지 조린다.

③ 조림 – 남은 잎을 이용한다. 소금을 한 줌 넣은 끓는 물로 살짝 데쳐 물에 헹군다. 이것을 잘게 썰어 기름에 지져 간장으로 국물이 없어질 때까지 조린다.

④ 튀김 – 머위의 새순을 작은 것은 둥근대로 큰 것은 세로 반으로 잘라 그 전체를 반죽을 해서 튀긴다.

⑤ 머위 된장 – 머위의 새순을 살짝 데쳐 잘게 썰어 기름으로 지져 된장과 미림을 넣어 갠다.

⑥ 국 건데기 – 머위의 새순을 잘게 썰어 된장을 푼 국물에 띄운다.

⑦ 절임 – 머위와 머위의 새순을 같이 소금이나 된장에 절여 둔다.

약으로서의 사용법

사용하는 부분 : 머위의 새순, 전초(잎 · 줄기 · 뿌리)

머루의 새순은 꽃이 피기 전의 봉오리를 채취한다. 전초는 햇볕에 충분히 건조시킨다.

① 기침 · 담 · 기관지천식 – a. 머위의 새순 20g을 2컵 정도의 물에 넣고 약한 불로 약 반이 될 때까지 달여 이것을 하루량으로 하여 식전 또는 식후에 마신다. 여러 가지로 요리하여 먹는 것도 효과가 있다. b. 건조시킨 잎을 불에 태워 그 연기를 쏘임으로써 효과를 낸다. 20~40g을 달여서 먹어도 좋다.

② 건위 · 해열 – ①과 같이 머위의 새순을 달여서 먹는다. 요리하여 먹는 것도 효과가 있다. 머위의 뿌리에는 해열작용이 있기 때문에 감기로 열이 있을 때는 ①과 같은 요령으로 달여서 먹으면 좋다.

'머위즙 마시면 중풍 안걸린대요'

 "머위즙에 정종과 매실을 넣어 만든 조제약이 중풍을 예방할 수 있습니다."

머위가 중풍 예방에 효험이 있는 것으로 알려지면서 조제비결에 관심이 높아지고 있다. 흔히 '머굿대'로 불리는 머위는 단백질, 지방, 당질 등이 고루 포함돼 약재로 이용되기도 한다.

머위를 이용한 한방약은 일본 후쿠오카 지방 노인들이 중풍에 걸리지 않은 것이 머위의 약효에 있다는 사실이 알려지면서 세인의 관심을 끌게 됐다. 조제방법은 간단하다. 계란과 24시간 동안 소금에 절인 매실 1개, 머위 잎즙과 청주를 준비한다. 먼저 계란 흰자위를 잘 저은 뒤 머위 잎 생즙을 찻숟갈로 세 개 넣고 한쪽 방향으로 젓는다.

이 액즙에 청주 세 숟갈을 섞어 한쪽 방향으로만 30차례 정도 저은 뒤 절인 매실 한 개를 넣어 역시 20차례 이상 저어주면 된다.

하지만 중요한 것은 이 순서대로 한방약을 조제해야 하며, 과다복용은 오히려 약효가 없다고 전문가들은 말한다.

전문가들은 또 "반드시 금속성 수저나 젓가락 대신 나무로 된 것을 사용해 제조 후 3분 안에 마실 것"을 권유하고 있다.

[한겨레] 2000-06-27

※산에서 새순이 나오지 않는 머위는 어린 눈을 그루터기째 채취하여 튀김으로 한다. 또 해변의 식물 털머위도 줄기를 머위와 같이 이용한다. 털머위는 잎이 반들반들하며 두껍고 줄기는 속이 비는 등의 특징이 있다.

메꽃

메꽃과
높이 : 2~3m
꽃 피는 시기 : 6~8월(여름)

특징

① 가는 줄기로 2~3m의 긴 덩굴이 되는 다년초. 이 덩굴로 물체에 휘감
   겨 자란다.

② 잎은 1~4cm의 줄기가 있고 호생이다. 길이 5~10cm의 화살촉형 또
   는 창형이고 잎 선단은 약간 뾰족하다.

③ 잎 밑에서 한줄기가 나와 그 끝에 작은 나팔꽃형의 엷은 핑크색 꽃이
   핀다. 이 꽃줄기는 꽃이 지면 길이가 약 2배가 된다.

④ 열매는 열리지 않고 뿌리로 번식한다.

＊ 햇볕이 잘 드는 초지, 선로가, 길가, 인도의 주변 등에서 자란다.

맛있게 먹는 법

먹는 부분 : 덩굴 끝, 어린 잎, 꽃, 뿌리
핑크색의 꽃이 한여름의 태양을 받아 군생하는 모습은 참 아름답다. 실제
로는 잎의 톱니형이 예리한 애기메꽃쪽이 많이 보인다. 메꽃과 애기메꽃

은 다 먹을 수 있다.

① 나물 – 덩굴 끝 1cm 정도를 잘라 소금을 한 줌 넣은 끓는 물에 삶은 뒤 찬물에 식혀 수분을 짜서 3cm 정도로 썰어 놓는다.

② 이소배말이 – 삶은 것을 수분을 짜내고 김으로 감아 3cm 정도로 자르고 자른 곳에 깨를 좀 쳐서 그릇에 담으면 보기도 좋고 맛도 좋다.

③ 기름 지짐 – 덩굴 끝과 어린 잎을 뜯어 끓는 물에 살짝 데쳐 찬물에 식혀 짜서 적당히 자른다. 이것을 지져 간장으로 맛을 낸다.

④ 꽃의 건데기 – 꽃받침을 뜯어 살짝 끓는 물에 데쳐 맨장국에 띄운다.

⑤ 튀김 – 덩굴이 시드는 늦가을에 뿌리를 캐내어 깨끗이 씻은 후 잘게 썰어 반죽을 묻혀 튀긴다.

약으로서의 사용법

사용하는 부분 : 전초(꽃 · 덩굴 · 잎), 뿌리

7~8월의 개화기에 채취하고 햇볕에 건조시켜 보관한다.

① 부종 · 소변부진 · 해열 – 전초 15g을 2.5컵의 물에 넣어 약 반으로 줄 때까지 달여 이것을 하루량으로 하여 3~4회 나누어 공복에 먹는다.

② 배의 가스 · 단독 · 피로회복 – 전초 15g을 ①과 같이 달여 먹는다. 또 굵고 긴 뿌리를 밥에 넣어 찌든가 분말로 하여 떡에 넣어 먹어도 효과가 있다.

③ 여성의 불감증 · 보정 · 당뇨병 – 전초 15g을 하루량으로 하여 ①과 같이 달여 먹는다.

 해안에 나는 잎이 둥글고 광택이 있는 갯메꽃은 보통 식용으로 하지 않는다. 메꽃과 애기메꽃 이외는 식용으로 하지 않는다고 생각하면 좋다.

메꽃의 특징

이 꽃은 오전 10시경에 피고 저녁에 오물어드는 것이 보통이나 비가 오든가 날이 흐려져 서늘하면 다음날 저녁까지 피어 있다. 이 풀은 뜯어도 뜯어도 새눈이 돋아나고 땅을 갈 때마다 뿌리가 여러 개로 잘려도 그 곳에서 새눈이 나와 번식하기 때문에 귀찮은 잡초의 하나.

질병 치료제로 쓰이는 야생화 - 꽃도 약이 됩니다

봄꽃이라 하면 흔히 프리지어나 히아신스를 떠올린다. 그러나 야생화도 이들 못지않게 아름다우면서 각종 질병에 치료제로 쓰이기도 한다. 화사한 봄 분위기를 돋우면서 건강에도 좋은 꽃은 어떤 것이 있을까.

봉오리가 뾰족한 붓을 닮은 붓꽃. 특별한 향기는 없지만 잎이 난초같고 꽃도 비교적 크며 아름다운 자주색이라 꽃꽂이에도 쓸 수 있다. 그런데 이 꽃은 이뇨 작용을 돕기 때문에 꽃을 빻아 따뜻한 물에 넣어 마시면 소변이 나오지 않을 때 효험이 있다. 8~9월에 열리는 열매를 털어 씨를 받아 약으로 쓰기도 한다. 이 씨를 달여마시면 해열과 지혈에 도움을 준다.

현호색은 연한 붉은 빛을 띄는 자주색꽃을 피운다. 꽃이 25mm로 아주 작지만 꽃 모양이 특이하고 색이 청아해서 집안 분위기를 특별하게 연출할 수 있다. 양귀비꽃과에 속하는 이 꽃은 통증을 멎게 하는 효과가 있다. 현호색 몇 송이를 찻잔에 넣고 5분 동안 우려내 마시면 월경통을 멎게 한다.

덩굴식물로 아름다운 나팔꽃 모양의 보라색꽃을 피우는 메꽃은 꽃, 잎, 뿌리 전체를 약용으로 쓸 수 있다. 잎을 따 쌈이나 나물로 먹으면 허약한 몸을 보호하고, 꽃과 잎 전체를 물에 달여 차처럼 마시면 혈당과 혈압을 떨어뜨리는 작용도 한다.

[경향신문] 2003-04-02

명아주

명아주과
높이 : 50cm~1.5m
꽃피는 시기 : 8~10월(여름~가을)

특징

① 잎의 중심이 희미한 적색을 띤 1년초다.

② 잎은 긴줄기를 가지고 서로 엇갈려 붙고(호생) 삼각 모양의 계란형이다. 가장자리가 약간 깔쭉깔쭉하고 어린 잎에는 반짝반짝 빛나는 백분이 있다.

③ 줄기는 꼿꼿하고 세로로 녹색의 줄이 있고 5각형인데 성장하면 굳어진다.

④ 여름에 이삭 모양의 작은 황록색의 꽃이 많이 핀다.

⑤ 같은 장소에 몇 년이나 계속하여 나지 않는다.

＊ 질소를 좋아하는 식물로 비료분이 많은 곳이나 경작을 쉬고 있는 농지나 황무지에 많이 보인다.

맛있게 먹는 법

먹는 부분 : 잎 · 종자

일본에서는 전쟁 중이나 전후에 식량난으로 이 야생초를 구황식물로 사용하였다.

같은 종류에 흰명아주, 좀명아주가 있는데 다 먹을 수 있다. 좀 둔한 감이 있으나 성깔이 없는 풀로 연하고 봄부터 가을까지 이용된다.

① 깨 무침 – 가장 맛있게 먹는 방법이다. 잎을 하나하나 뜯어 씻는다. 이 때 잎에 묻은 흰가루를 대충 제거한다. 소금을 한 줌 넣은 끓는 물에 살짝 데쳐 찬물에 헹구고 잘 짜서 깨 · 간장 · 미림 혹은 꿀로 무친다.

② 버터 지짐 – 버터는 첨가물이 없는 식물성 마가린을 쓴다. 데쳐서 물기를 짠 것을 마가린으로 지져 소금과 후추로 맛을 낸다.

③ 조림 – 살짝 데친 것을 다시마국 · 간장 · 미림으로 조린다. 유부 등과 같이 조리면 한층 맛있다.

④ 열매 조림 – 늦은 여름의 아직 익지 않은 열매를 따서 기름으로 살짝 지져 된장과 미림을 가하고 다시 더 볶아 물기를 없앤다. 입이 넓은 병에 넣어 보관한다.

약으로서의 사용법

사용하는 부분 : 잎 · 줄기 · 열매 · 꽃

잎 · 줄기는 충분히 자란 여름에, 열매는 익은 가을에 각각 채취하여, 햇볕에 건조시킨다. 생엽도 이용한다.

① 소아태독 – 잎 · 줄기 · 열매 · 꽃 등의 전초를 질그릇에 넣어 검게 쪄서 굽고 참기름으로 개어 푸란머루에 발라서 그것을 환부에 붙인다. 딱지는 무리하게 떼지 말고 자연히 떨어질 때까지 내버려 둔다. 느긋하게 계속 갈아 붙인다.

② 치통 – 생엽의 청즙을 탈지면에 스며들게 하여 이로 문다. 잎 · 줄기를 달인 즙으로 양치질하는 것도 좋다.

③ 벌레 물림 · 전풍 – 생엽을 비벼 그 즙을 환부에 바른다.

④ 고혈압 · 변비 · 중풍 – 건조시킨 잎 · 줄기 20g을 2.5컵의 물에 넣고 약한 불로 약 반이 될 때까지 달여 이것을 하루량으로 하여 식전이나 식후에 나누어 먹는다.

 자세하게 말하면 명아주는 흰명아주의 변종으로 실제로는 흰명아주쪽이 많이 나 있다. 명아주와 흰명아주의 잡종도 많고 맛도 같기 때문에 어느 쪽이나 이용해도 좋다. 화분에 심어두면 편리하다.

명아주 지팡이

5m나 되는 줄기는 시들면 가벼워 노인의 지팡이에 적당하다. 중풍에 걸리지 않는다는 연명 장수의 지팡이로써 옛날에 많이 사용되었다.

미나리

미나리과
높이 : 20~50cm
꽃피는 시기 : 7~9월(여름~초가을)

특징

① 서로 다투어 군생하고 논 미나리와 밭 미나리의 2종이 있고 모두 다년
    초다.
② 강한 향이 있고 무모(無毛)이며 줄기는 모가 져 있다. 직립하든가 지상
    을 뻗어 나가기도 한다(밭 미나리는 어릴 때는 지상을, 생장하면 직립
    하는데 논 미나리는 처음부터 직립한다).
③ 잎은 가지에 나누어 붙고, 가늘고 뾰족하며 가장자리에는 예리하게 거
    치가 있다.
④ 여름에 작은 흰꽃이 가득히 모여 우산 모양으로 핀다.
* 논, 늪, 작은 개울 등 물이 있는 곳이나 습지에 서식한다.

맛있게 먹는 법

먹는 부분 : 어린 잎, 줄기
채소가게에서 팔고 있는 것은 거의가 재배한 것이다. 떫은 맛은 밭의 것

보다 논의 것이 적은 것 같다.

① 나물 – 끓는 물에 소금을 한 줌 넣고 살짝 데쳐 3cm 정도로 썰어 가다 랭이포 · 뱅어포 · 간장 등을 쳐서 먹는다.

② 이소배말이 – 김밥 마는 요령으로 발 위에 김을 놓고 데쳐서 잘 찐 미 나리를 놓고 둘둘 말아 3cm 정도로 잘라 갖춘다. 미나리나물과 같이 향이 강한 풀은 김과 잘 어울리는 것 같다.

③ 깨 무침 – ①과 같이 데쳐 물기를 뺀 것을 적당한 크기로 잘라 깨 · 간 장, 기호에 따라 미림이나 꿀을 넣어 무친다.

약으로서의 사용법

사용하는 부분 : 전초(잎 · 줄기)

미나리 계절을 놓치지 말고 잘 이용하여야 한다.

① 황달 · 해열 – 신선한 미나리를 절구에 빻아서 물을 가하여 잘 섞고 채 에 쳐서 이것을 한 번 끓여 먹는다. 술잔 한 잔분을 하루량으로 한다. 청즙(青汁)을 만드는 데 믹서기를 사용해도 좋다.

② 빈혈 · 미용 – 여러 가지 요리를 하여 항상 먹으면 좋다. 비타민 · 미네 랄류가 풍부한 알칼리성 식품으로서 겨울동안 산독화(酸毒化)되어 더 러워지기 쉬운 혈액을 봄이 되면 깨끗이 하여 준다.

 충분히 난 뿌리나 수염뿌리도 버리지 말고 사용한다. 적당히 잘라서 우엉을 잘게 썰어 참기름으로 지져, 고추, 된장 또는 간장으로 맛을 낸다. 꽃은 모아 샐러드를 만들어 곁들임으로써 즐겨 보자.

먹으면 죽는 독미나리에 주의!

선현의 가르침에 '5월 미나리는 먹지 말라.' 라는 말이 있다. 이것은 맹독 식물의 독미나리가 이때에 자라기 시작하고 식용이 되는 미나리와 같은 모양이 되기 때 문에 때때로 잘못 채취하는 경우가 있기 때문이다. 독미나리는 다음과 같은 특징 이 있다. a. 식용의 것보다 대형이고, 키가 60cm~1m나 된다.

b. 줄기는 둥글고 가지가 잘 나뉘어져 있고 속은 비어 있다.

c. 근초(根草)는 굵고 녹색이며 많은 마디가 있고 죽순형. 이 c항이 독미나리의 최대 특징이고 아름다운 색을 하고 있기 때문에 연명죽(延命竹), 만년죽(万年竹) 등이라고 하여 관상용이 되었던 일도 있었다.

민들레(서양 민들레)

국화과

높이 : 15~30cm

꽃피는 시기 : 4~5월(봄)

특징

서양 민들레는 현재 재래종을 대신하여 전국에 퍼져 있다. 재래종 민들레
는 장일생으로 봄부터 여름의 낮이 긴 때만 개화하는데, 서양민들레는 일
년 내내 꽃이 핀다.

① 껄쭉껄쭉한 가늘고 긴 잎이 뿌리 밑에서 방사형으로 붙어 일어나 퍼지
  는 다년초다.

② 줄기는 빨리 자라서 가지·잎이 없이 그 끝에 국화를 닮은 황색의 꽃
  이 하나 달려 있다.

③ 총포(總苞)의 바깥 잎이 봉오리 때부터 뒤로 젖혀져 있는 것이 다른 종
  류와의 좋은 구별점이다.

＊ 야산, 길가, 도시 가까이의 길가 등에 자란다.

맛있게 먹는 법

먹는 부분 : 잎 · 줄기 · 뿌리 · 꽃

풀 전체를 먹을 수 있고 1년 내내 이용된다. 그늘에서 자란 연한 것을 골라 채취한다.

① 튀김 – 잎과 꽃을 쓴다. 잎은 하나하나 잘 펴서 이면에 엷게 반죽을 묻혀 아삭아삭할 정도로 튀긴다. 꽃은 꽃잎이 곱게 보이게 주의한다.

② 기름 지짐 – 연한 잎을 모아 소금 한 줌 넣고 데쳐, 물에 헹구고 물기를 없앤다. 적당한 크기로 썰어 기름을 지져 간장으로 맛을 낸다.

③ 흰 무침 – 두부를 물을 빼고 다시 행주로 짜서 깨 · 간장 · 소금 · 미림을 넣어 맛을 내 둔다. 살짝 데쳐 떫은 맛을 뺀 민들레를 이것으로 무친다.

④ 된장 무침 – 잎과 줄기를 된장에 저린다. 이상하게도 쓴맛이 없어진다.

⑤ 꽃의 양념장 무침 – 꽃잎을 뜯어 살짝 데쳐 초 · 소금 · 꿀 · 간장으로 무친다.

⑥ 조림 – 뿌리를 쓴다. 우엉 조림과 같이 얇게 혹은 잘게 잘라 기름으로 잘 조려 간장으로 조미한다. 고추가루를 쳐서 매콤하게 하면 맛이 있다.

약으로서의 사용법

사용하는 부분 : 잎 · 줄기 · 뿌리

뿌리는 11월부터 다음해 2월경까지의 것, 잎 · 줄기는 2월부터 3월경의 것을 각각 채취하여, 일광으로 건조시켜 사용한다.

① 최유(催乳) – 뿌리 10g, 별꽃 5g, 율무 5g을 혼합하여 2.5컵의 물에 넣어, 약한 불로 약 반이 될 때까지 달이고 이것을 1일량으로 하여 식전 또는 식후에 나누어 먹는다.

② 사마귀 – 잎 · 줄기 등에서 흰 즙을 몇 번이라도 되풀이해 환부에 바른다.

③ 부종 – 뿌리와 잎을 같이 하여 20~40g을 하루량으로 하고 ①과 같이 달여서 먹는다.

④ 위장병 – 변비가 되기 쉬운 소화불량에 잘 듣는다. 뿌리 15g 또는 잎 30g을 하루량으로 하여 ①과 같이 달여서 먹는다.

⑤ 황달 · 간장병 · 치질 · 장염 · 부인병 · 강장 – 잎 · 줄기 · 뿌리의 전초 15g을 하루량으로 하여 ①과 같이 달여서 먹는다.

 민들레 차 만드는 법
뿌리를 잘게 썰어 햇볕에 잘 말려 후라이팬으로 충분히 볶는다. 주전자에 넣어 다려서 꿀을 넣어 마신다. 몸에 매우 좋은 차다.

방가지똥

국화과
높이 : 50cm~1m
꽃피는 시기 : 5~8월(봄~여름)

특징

① 줄기는 굵고, 속이 비어 줄이 있으며 꺾으면 흰 유액이 나오는 2년초다.
② 잎은 거칠은 톱니형으로 크고 엉겅퀴를 닮았으나 가시가 없고 연하다.
③ 잎이 붙은 곳은 줄기를 싸안고 뿌리밑의 잎은 방사형태로 월동한다.
④ 봄~여름, 줄기의 상부에 국화를 닮은 2cm 정도의 황색 꽃이 여러 개 핀다.
＊ 길가, 황무지, 인가 근처 등 어느 곳에 나 있다.

맛있게 먹는 법

먹는 부분 : 어린 잎

방가지똥 종류에는 봄방가지똥, 왕고들빼기, 큰방가지똥 등이 있는데 보통은 봄방가지똥을 방가지똥이라 부른다. 방가지똥, 왕고들빼기, 큰방가지똥 다 먹을 수 있다. 맛은 왕고들빼기가 가장 좋은 것 같다. 어느 것이나 떫음이 없고 아주 어린 잎이면 날것으로도 먹을 수 있다.

① 나물 – 줄기가 일어나기 전의 어린 것을 채취, 소금을 한 줌 넣은 끓는 물에 살짝 데쳐 물에 헹군다. 물기를 짜서 적당한 크기로 썰어 가다랭이포·뱅어포·간장 등을 쳐서 먹는다.

② 조림 – ①과 같이 데친 것을 적당한 크기로 썰어 충분한 다시마 국물로 조려 간장과 미림으로 맛을 낸다.

③ 깨 무침 – ①과 같이 데쳐 잘게 썰어 깨·간장·미림 혹은 꿀로 무친다.

④ 기름 지짐 – 끓는 물에 살짝 데쳐 적당한 크기로 썰은 것을 기름으로 지져 된장 또는 간장으로 맛을 낸다. 된장은 싱거운 편이 좋고, 미림이나 꿀을 가한다. 조금 쓴맛이 있으나, 사각사각한 감이 있어 꽤 맛이 있다.

⑤ 샐러리 – 아주 어린 잎을 뜯어 깨끗이 씻고 마요네즈나 드레싱을 쳐서 먹는다.

⑥ 절임 – 소금 절임, 겨된장 절임 등으로 한다.

약으로서의 사용법

사용하는 부분 : 잎·줄기·뿌리

방가지똥은 민들레와 같이 꺾으면 흰유액이 나오고 씹으면 꽤 쓴맛이 난다. 이것 때문에 '고초(苦草)'라고도 불리운다. 특히 우수한 약초는 아니지만 〈본초강목〉이나 〈신농본초〉 등 옛 중국 서적에는 이 풀은 몸을 가볍게 하고, 시력을 높이며 마음을 편하게 하여 오장의 사기(邪氣)를 제거한다고 되어 있다. 꽃이 필 때에 전초를 채취하여 햇볕에 건조시킨 것을 4~5cm의 길이로 잘라 보관한다.

① 불면·위병·시력향상 – 건조시킨 잎·줄기를 20~30g을 하루량으로 하여 이것을 3컵의 물에 넣어 약한 불로 반이 될 때까지 달여 차 대신에 마신다. 또 방가지똥 10g, 질경이 10g, 감초 2g을 혼합하여 같은 요령으로 달여 마시면 한층 효과가 있다.

② 임질·종기 – 잎·줄기 및 뿌리를 건조시켜 잘게 썬 것 약 20g을 하루량으로 하여 ①과 같은 요령으로 달여 먹는다.

③ 벌레 물림 – 생약을 비벼 그 즙을 바른다.

꽃을 찾아 떠난 여행

봄꽃 중에서는 아무래도 노란 꽃이 가장 많은 것 같습니다. 그동안 만난 노란 꽃 중에서 가장 기억에 남는 꽃은 양지꽃입니다. 비쩍 마른 억새풀 사이에서, 작은 무덤에 홀로 외로이 피었던 꽃이었는데 봄날이 가면 갈수록 들판을 노랗게 물들입니다.

물론 제주에서 제일 먼저 만나는 꽃은 노란 유채꽃입니다.

아직 제철이 아닌지 흔하지는 않지만 온 몸이 하얀 솜같은 것으로 싸여있는 솜방망이꽃의 노란빛은 여느 꽃 못지 않게 화려하면서도 오래 보아도 질리지 않는 매력이 있습니다.

첫 눈에 혹하다가도 만나면 만날수록 시들해지는 사람이 있습니다. 솜방이 꽃처럼 오래 보아도 시들해지지 않는 사람이었으면 좋겠습니다.

봄의 꽃 중 억척같은 삶을 살아가는 민들레를 빼놓을 수 없을 것입니다. 서울에 살 때 강변도로를 따라 출퇴근을 하다보면 강변도로 양옆으로 노란 민들레가 흐드러지게 무리 지어 피어있고, 따스한 봄바람에 홀씨를 날리는 모습을 아주 감명 깊게 본 적이 있습니다. 검은 아스팔트 틈 사이를 비집고 피어나는 그 생명력을 보며 삶이란 이래야 한다는 생각을 했습니다. 지금도 강변도로나 강북도로가에 민들레가 흐드러지게 피어있겠지요. 사람의 손만 타지 않았다면 말입니다.

고진감래를 일깨워주는 나물, 씀바귀의 종류가 이렇게 많은 줄 몰랐습니다. 그저 뿌리나 잎을 먹는 쓴 나물은 다 씀바귀인줄 알았는데 비슷한 종류이긴 해도 이름은 각양각색이더군요. 그래도 그 근본은 하나였는지 꽃 모양은 비슷비슷합니다. 민들레보다는 꽃잎이 더 얇고, 꽃잎도 더 적지만 그 아름다움이야 비교할 수 없습니다. 햇살을 은은하게 비추어내는 모습에서 또 다른 세계를 보게 됩니다. 처음 미나리아재비를 만났을 때 양지꽃인줄 알고 지나치려는데 꽃대도 높고, 꽃도 크고, 꽃이 햇살에 더욱 더 화려하게 빛나는 모습에 다른 꽃이라는 것을 뒤늦게 알아차렸습니다. 관심 없이 바라볼 때에는 그 꽃이 그 꽃 같았는데 자세히 들여다보니 각기 다른 모습으로 다가옵니다. 무언가를 볼 때 대충 보아서는 안되겠다. 더군다나 사람을 볼 때에는 더더욱 자세히 보아야겠다는 지혜를 얻게 한 꽃입니다.

갯씀바귀입니다. 위에서도 말씀드렸지만 꽃 모양은 비슷해도 잎 모양은 다른 꽃, 그래서 식물도감을 찾아보아도 친절하게 잎새모양까지 비교해 주지 않으면 그 꽃이 그 꽃과 같은 꽃입니다.
제주의 고망난돌 근처의 바다에서 만난 갯씀바귀는 바다바람에 시달려 바위를 의지하여 작은 몸을 잔뜩 움츠리고 있습니다. 그러나 꽃만큼은 제대로 피어있습니다.

방가지똥입니다. 이른 아침에 활짝 피었다가 햇살이 따가워지면 이내 꽃을 보여주지 않는 꽃입니다. 부지런한 사람들에게만 자신을 보여주고 싶은지 아침나절까지만 피어 있다 씨앗을 맺어 가는 꽃입니다.
대극이 무리지어 해안가에 피어있습니다. 제주의 검은 돌과 궁합이 잘 맞는 것 같습니다.
봄의 색이 푸르기만 하다면 얼마나 단조로웠을까요. 이렇게 노란 꽃들이 함께 어우러짐으로 더욱 아름다운 봄을 만들어가고 있습니다. 홀로 있어도, 함께 있어도 아름다운 자연의 지혜를 배우고 싶습니다. 닮고 싶습니다.

뱀무

장미과
높이 : 30~70cm
꽃 피는 시기 : 6~8월(여름)

특징

① 어릴 때는 땅에 퍼지는 무우잎과 닮은 다년초, 탁엽은 계란형이다.

② 생장하면 중심에서 줄기가 나오고 줄기에서 가지가 나와 직립한다. 전체에 세모(細毛)가 있다.

③ 여름에 줄기 윗부분에 가지 줄기가 나와 직경은 1~2cm이고 화판 다섯 매의 황색 원형의 꽃이 핀다.

④ 과실은 길이 약 2mm의 가늘고 긴 계란형이고 방사 형태로 모여, 직경 1.5cm의 구형이 된다.

＊ 산지나 구릉지의 나무 그늘이나 길가 등에 서식한다.

맛있게 먹는 법

먹는 부분 : 어린 잎

천남성(天南星)이 숲에 얼굴을 내밀고 일륜초(一輪草)가 예쁜 꽃을 피울 때, 무의 어린 모종과 거의 같은 모양으로 지면에 뻗어 있는 것이 이 풀이다.

① 튀김 – 잎을 잘 씻어서 물기를 빼고 양쪽에 반죽을 묻혀 약간 낮은 정도의 온도로 천천히 튀긴다.
② 조림 – 소금을 한 줌 넣은 끓인 물에 잘 삶아내어 찬물에 넣어 식힌 다음 짜서 다시마 국물·간장·미림으로 다시 천천히 끓인다. 무우 말린 것과 같이 끓이는 것도 좋을 것이다.
③ 깨 무침 – 삶아 떫은 맛을 뺀 것을 잘게 썰어서 깨·간장·미림 또는 꿀로 무친다.
④ 겨자 무침 – ③과 같이 하여 겨자와 간장으로 무친다.

약으로서의 사용법

사용하는 부분 : 전초·뿌리
뱀무에는 효소나 타닌, 무당 등이 있어 지혈제나 습진의 세정 등에 좋다고 한다. 또 이뇨작용도 있어 수종(水腫)·신장병 등에 응용하여도 좋다. 6~7월의 꽃이 필 때 채취하여 햇볕에 건조시킨 후 4~5cm의 길이로 잘라 보관한다.
① 신장병·부종·방광염·강장 – 전초를 건조시켜 자른 것을 약 20g을 하루량으로 하여 3컵의 물에 넣어 이것이 반이 될 때까지 달여서 세 번으로 나누어 식전 또는 식후에 먹는다.
② 설사·적리(赤痢) – ①과 같은 요령으로 달인 것을 뜨거울 때 식전 또는 식후에 먹는다.
③ 젖먹이 아이의 머리 습진·피부병 – 뿌리째 말린 것을 약 200g, 4~5ℓ 의 물에 넣고 약한 불로 2/3가량 될 때까지 달여 그 즙으로 환부를 몇 번이고 씻는다.

 무우와 뱀무

야채가게에 있는 무우는 십자화과이고 이른 봄에 야산에 무우 잎과 닮은 모습을 보이는 뱀무는 장미과다. 십자화과는 세계에 약 250속 2500여종이 있으며, 평지·고사리·배추·양배추·갓 등이 그 종류다. 한편, 장미과에는 약 115속 3300여종이 있어 벚꽃·매화·복숭아·살구·배·사과 등의 과수 외에 딸기나 황매화나무 등도 포함되어 있다. 일반적으로 장미과의 식물에는 탁엽이 있고, 십자화과의 것은 탁엽이 없는 것이 큰 특징이다.

뱀밥

속새과
높이 ┌ 포자경 : 10∼25cm
     └ 영양경 : 30∼40cm
꽃 피는 시기 : 초봄

특징

① 필두채(筆頭菜)의 포자경(胞子莖)인 뱀밥은 봄의 선구자로서 애교있는 모습을 보여 준다.

② 다년초이고 지하경(地下莖)은 지중(地中)을 옆으로 뻗어, 그 마디에서 지상경(地上莖)을 낸다.

③ 지상경에는 영양경(필두채)과 포자경(뱀밥)이 있다.

 - 영양경(榮養莖) : 풀의 키가 30∼40cm, 줄기는 녹색이고 둥글며 속은 비어 있다. 마디가 있어서 그 곳에서 많은 가지를 둥글게 낸다. 줄기, 가지의 중간에 이음새가 있어서 용이하게 빼낼 수가 있다.

 - 포자경(胞子莖) : 풀의 키가 10∼25cm, 줄기는 담갈색으로 둥글며, 속은 비어 매끈하고 중간에 퇴화한 잎(껍질)이 있다. 가지는 없고 끝은 조그만 육각형이 정연히 줄지어 있는 붓끝같은 모양을 하고, 생장하면 이 곳이 열려 포자가 튀어 나온다.

✱ 논, 밭, 초지, 제방 등 여러 곳에 자란다.

맛있게 먹는 법

먹는 부분 : 포자경, 아주 어린 영양경

포자경은 포자가 튀어나오기 전에 굵은 것을 골라 껍질을 제거한다. 이때 물 안에서 벗기면 잘 벗겨지고, 손은 떫은 액체로 더러워지는 것을 막을 수 있다. 머리 부분은 써서 싫어하는 사람도 있으나 야생초를 즐겨 먹는 사람은 그 맛을 좋아한다. 싫은 사람은 떼어 낸다.

① 조림 – 씻어서 껍질 벗긴 것을 더운 물로 살짝 데쳐, 소쿠리에 건져 물을 뺀다. 강하게 짜면 모양이 흐트러지므로 주의하여야 한다. 적당한 크기로 잘라 기름에 튀겨, 다시마 국물과 간장 · 미림을 조금 넣어 살짝 끓인다. 유부와 같이 끓이면 맛이 있을 것이다.

② 계란풀이 – 다 졸아들어갈 때에 계란(유정란이 좋다)을 풀어 넣는다.

③ 나물 – 데친 것을 적당한 크기로 썰어서 간장을 쳐서 먹는다.

④ 영양경의 조림 – 아직 가지가 나오지 않은 가는 죽순형을 한 극히 어린 것을 사용한다. 소금을 한 줌 넣은 끓는 물에 잘 삶아 5~6mm의 길이로 잘라 기름으로 살짝 볶아 간장으로 진하게 조린다.

약으로서의 사용법

사용하는 부분 : 영양경의 전초(全草)

진한 녹색으로 충분히 자란 봄부터 가을까지의 것을 베어내서 햇볕에 건조시킨다. 옛날부터 이뇨약 · 신(腎)청정제로서 사용되고 또 화농성 궤양 · 피부 습진 · 상처 등의 세정제로서 사용되어 왔다.

 뱀밥 영양경의 차 만드는 법

태양의 에너지를 잔뜩 흡수한 여름에 베어 햇볕에 2~3일 건조시키고 후라이팬으로 볶는다. 이것을 주전자로 달여서 뜨거운 것을 마시든가 식혀서 보리차 대신 마신다.

신장병 · 임병(淋病)

전초 약 10g을 360cc의 물에 넣어 약한 불로 반이 될 때까지 달이고 이것을 하루량으로 하여 2~3회 식전 또는 식후에 나누어 먹는다.

범의귀

범의귀과
높이 : 5~10cm
(花莖 20~50cm)
꽃피는 시기 : 5~7월(봄~초여름)

특징

① 뜰에도 심을 수 있는 반상록의 다년초로 뿌리 밑에서 긴 홍색의 줄기
   (잎의)가 나와 증식한다.

② 뿌리 밑에서 나오는 잎은, 물결형의 잘룩함이 많은 3~5cm의 원형이
   고 뒷면은 적자색 또는 녹색. 양면에 거치른 털이 많다.

③ 꽃줄기는 직립하여 20~50cm 높이가 되고 봄부터 여름에 걸쳐 위쪽에
   작은 꽃이 많이 핀다. 위의 세 잎은 작고 엷은 분홍색으로 홍색의 반점이
   있고 아래 두 잎은 크고 백색을 나타내고 토끼 귀와 같이 늘어져 있다.

＊ 습기가 있는 산지 바위 위 등에 자생하는데, 정원식물로 재배되기도 하며
   또 초지에 야생한다.

맛있게 먹는 법

먹는 부분 : 어린 잎

옛날부터 식용 야생초로 쓰여 튀김 등으로 하여 먹어 왔다. 전면에 가득

히 난 거칠은 털은 튀기든가 삶으면 염려 없다. 약효면에서도 우수한 작용이 있기 때문에 근처에 심어 두어서 많이 이용하면 좋다.

① 튀김 – 씻어서 물기를 빼고 엷게 탄 반죽에 뒷면을 묻혀서 약간 낮은 온도에 튀긴다.

② 초된장 무침 – 가능한 한 연한 잎을 모아 소금을 한 줌 넣은 끓는 물에 잘 삶아 물에 헹군다. 잘 짜서 잘게 썬 것을 초·된장·미림으로 무친다.

③ 깨 무침 – ②와 같이 하여 깨·간장·미림이나 꿀로 무친다.

약으로서의 사용법

사용하는 부분 : 잎

눈 속에서도 잎이 시들지 않는 생명력이 강한 풀이기 때문에 4계절을 통하여 이용할 수 있다. 한문명을 '호이초(虎耳草)'라고 하여 날 것이나 건조시킨 것을 사용한다.

① 어린이의 경련·간질·백일해·해열 – 생엽을 10장 정도 뜯어 잘 씻고 물기를 빼고 자연염을 조금 넣어 비비고 그 즙 3~5cc를 입에 넣어주면 특효다.

② 중이염·이루(耳漏) – ①과 같이 물기를 짜서 즙을 1~2방울 귀에 넣고 탈지면으로 살짝 막아 준다. 매일 갈아준다.

③ 종기·창·동상 – 생엽을 불로 그을려 연하게 하여 환부에 붙인다. 빨아내기 소염에 효과가 있다.

④ 감기·심장병·신장병 – 잎을 그늘에서 말린 것을 30~50매를 하루량으로 하여 2.5컵의 물에 넣어 약한 불로 약 반이 될 때까지 달여 식전 또는 식후에 세 번 먹는다.

⑤ 옻 – 생엽을 자연염으로 잘 비벼 그 즙을 환부에 바른다.

 꽃도 소금에 절여 먹을 수 있다. 소금기를 뺀 것을 여러 가지 요리에 쓰도록 연구하여 보자.

雪下, 虎耳草, 石割草
눈이 내려 쌓여도 싱싱하기 때문에 '雪下', 잎이 호랑이의 귀와 닮았다고 하여 '虎耳草', 방광의 결석을 깨는 효과가 있다고 하여 '石割草'는 학명을 붙였다.

베란다에서 피우는 야생화

 **어떤 꽃을 심을까**: 마당이 있어 널찍한 땅에 심을 수 있다면 기린초, 토끼풀, 까치수염, 도라지, 금불초, 산구절초, 원추리, 섬백리향, 눈괴불주머니, 달맞이꽃, 동자꽃, 노인장대 등이 알맞다. 크기가 일정한 편이고 꽃들이 일제히 펴 아름다운 광경을 연출해 준다. 가을에 꽃을 보고 싶다면 산구절초, 눈괴불주머니, 흰동자꽃 등을 고른다. 베란다에서 화분을 이용해 키운다면 범의귀, 할미꽃, 제비꽃, 엉겅퀴, 산구절초, 닭개비, 하늘말나리, 맥문동, 은방울꽃, 제비꽃, 용담, 하늘매발톱, 벌개미취 등이 있다. 가을에 꽃을 피우는 것으로는 벌개미취, 구절초, 눈개쑥부쟁이, 투구꽃, 땅잔대, 꽃쥐손이, 바위솔 ,금불초 등이 있다. 우리나라는 사계절이 뚜렷해 봄부터 가을까지 피는 꽃들이 정해져 있다. 큼직한 화분에 봄부터 가을에 걸쳐 피는 종들을 꽃색깔별로, 또 한해살이와 다년생을 적절히 섞어 심으면 이른봄부터 늦가을까지 계속 꽃을 볼 수 있다. 벌개미취, 패랭이, 용담, 붓꽃, 좀비비추, 애기철쭉, 바위장대, 금노매, 월귤 등을 한데 모아 심으면 한겨울만 빼고는 아기자기한 꽃을 볼 수 있다.

튼튼한 야생화 고르는 법: 해를 보지 못한 상태에서 힘없이 키만 큰, 웃자란 것은 좋지 않다. 한번 웃자란 것들은 어지간해서는 정상적인 발육이 어렵기 때문. 화분을 들여다봐 아래쪽으로 잔뿌리가 삐죽삐죽 나와 있는 것을 고른다. 이런 것들이 분에 심은 지 오래되고 뿌리가 튼튼한 것이다. 잎에 힘이 없거나 뒷면에 잔디나 해충이 있는 것은 피하고 광택이 도는 것이 좋다.

분에 옮겨 심기: 모든 식물은 키가 커지는 만큼 뿌리도 커지는 것이 일반적이다. 깊이가 얕은 분을 써 뿌리발달을 최대한 억제시켜야 키가 작고 단단한 야생화를 키울 수 있다. 또 통기성이 좋고 물이 빨리 마르는 토분은 피한다. 분에 심을 땐 통기성과 배수성이 좋은 마사토를 체에 걸러 후지토를 약간 섞어 심도록 한다. 분갈이는 1~2년에 한번 정도 해 준다. 엉킨 뿌리를 풀어주면서 알맞게 뿌리를 잘라주고 흙도 갈아준다.

기르는 요령 : 질긴 생명력이 특징이지만 정성을 들이지 않으면 오래 잘 기르기는 어렵다. 하지만 일반 원예식물처럼 사람이 자주 만지고 김매주고 거름 주는 것은 좋지 않다. 야생화를 가꾸는 데는 그 식물에 맞는 수분관리가 무엇보다 중요하다. 수돗물은 서너시간 햇볕을 받게 해 염소를 없앤 뒤 쓰는 것이 좋고, 우물물이나 샘물 등은 차가운 기운이 어느 정도 사라진 다음 준다. 아무때나 물을 주면 뿌리가 호흡곤란으로 썩을 염려가 있다. 햇볕이 강한 한낮에는 물주기를 피해야 한다. 화단에 심은 것은 가뭄 때나 물을 주면 되지만 분에 심은 것은 더욱 신경써야 된다. 가을·봄에는 1∼2일에 1회, 겨울에는 5∼7일에 1회, 여름에는 아침·저녁 두 번씩 준다. 물뿌리개는 물구멍이 되도록 가는 것을 사용해 분 위의 흙알갱이가 흩어지는 일이 없도록 조심하면서 충분히 듬뿍 주도록 한다. 야생화에는 아침햇살이 보약이다. 오전 햇살만 들어오는 반그늘에서 기른다. 단 난과 식물이나 양치식물을 비롯한 잎이 큰 자생식물은 그늘에서 키우도록 한다. 베란다에서 키울 경우 유리창의 자외선 차단 코팅 여부를 꼭 확인해야 한다. 자외선 차단코팅이 돼 있는 유리라면 일반유리로 바꿔야 제대로 키울 수 있다. 화분에 심어 기를 땐 통풍과 채광조건을 고려해 적어도 바닥에서 50∼70㎝ 정도 높은 곳에서 키운다. 거름을 주면 키만 크게 자라 볼품이 없어지므로 가능하면 주지 않는다.

구할 수 있는 곳 : 들녘에 있는 야생화를 캐오는 것은 절대 삼가야 한다. 산에 피는 꽃들은 야성이 강해 살리기도 어려울 뿐 아니라 마구잡이로 캐오다보면 멸종될 염려가 있기 때문이다. 씨를 받아 번식시키는 것이 바람직하나 일반인들은 쉽지 않으므로 전문점을 이용한다. 최근 야생화에 대한 관심이 커지면서 재배해 판매하는 곳이 여기저기 생겼다.

[국민일보] 2000-08-22

별꽃

석죽과
높이 : 10~30cm
꽃피는 시기 : 3~9월(봄~여름)

특징

① 새들이 좋아하는 풀. 이른 봄 가지 끝에 작은 백색 꽃이 피는 2년초로 봄 칠초(七草)의 하나다.

② 줄기는 연하고 가늘고, 잎은 무모(無毛)로 끝이 뾰족한 2~3cm의 난형 (卵形)으로 서로 마주 붙어 있다(대생).

③ 개화기가 끝나면 즉시 결실하고 이것이 넘쳐 봄에 두 번 싹이 나는 바이탈리티가 풍부한 풀이다.

＊ 사람이 생활하는 마을의 공터나 밭 가장자리 또는 길가에 많고 인가가 없는 곳에는 거의 보이지 않는다.

맛있게 먹는 법

먹는 부분 : 어린 잎 · 줄기

꽃이 피기 전의 연한 곳 3~4cm 정도를 뜯어 요리한다.

① 샐러드 – 잘 씻어서 드레싱으로 무치든가 각종 요리에 곁들이든가 하여 계절감을 즐긴다.

② 나물 – 소금을 한 줌 넣은 끓는 물에 살짝 데쳐서 적당한 크기로 썰어 간장을 쳐서 먹는다. 가다랭이포나 뱅어포를 섞어도 좋다.

③ 깨 무침 – 삶아서 적당한 크기로 썬 것을 깨 · 간장 · 미림이나 꿀을 가하여 무친다.

④ 겨자 무침 – 삶아서 적당히 썰어, 겨자와 된장으로 무친다.

⑤ 튀김 – 약간 생장한 것은 잘게 썰어 밀가루 반죽에 버무려 튀긴다. 반죽은 약간 질게 하고 소금을 맞춰 넣으면 된다.

⑥ 국의 건데기 – 잘게 썰어 된장국에 넣는다.

약으로서의 사용법

사용하는 부분 : 전초(잎 · 줄기)

10월부터 다음해 7월까지 채취하여 햇볕에서 건조시킨다. 생엽도 쓴다.

① 건위 · 정장(整腸) – 잎 · 줄기를 짜서 즙을 하루 한 잔씩 마신다.

② 최유(催乳) · 정혈(淨血) – 건조시킨 전초 15g에 민들레의 뿌리(건조시킨 것) 5g을 가하여 2컵의 물에 넣어 약한 불로 약 반이 될 때까지 달여 이것을 하루량으로 하여 식전 또는 식후에 먹는다.

③ 맹장염 – 건조시킨 전초 20g을 ②와 같이 약간 진하게 달여 하루량으로 하여 식전 또는 식후에 먹는다. 또 생약을 짠 즙을 2~3잔씩 30분~1시간마다 4~5회 먹는다. 초기 정도의 맹장염이면 이것으로 대개 부기가 없어진다.

④ 치조농루 – 전초의 건조 분말을 식염과 섞어 치약 대용으로 한다. 이 대용 치약은 화농균의 번식을 막는다.

 깨끗이 씻은 별꽃에 적량의 물 · 레몬즙 · 꿀을 가하여 믹서기로 갈면 맛있는 청즙이 된다. 여기에 다른 야생초류나 토마토, 당근 등의 즙을 가하여 맛을 내어도 좋다.

병꽃풀

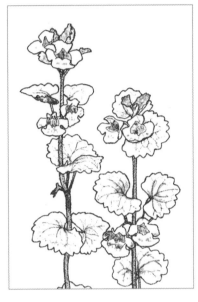

꿀풀과
높이 : 5~25cm
꽃 피는 시기 : 4~5월(봄)

특징

① 줄기 · 잎은 박하와 같은 향이 있는 다년초다.

② 줄기는 가는 사각형을 하고 꽃 피는 시기가 지나면 덩굴이 자라 1m 이상이나 된다. 전체에 잔털이 나 있다.

③ 꽃은 담자색의 입술형이고, 안쪽면에 농자색의 반점과 곱슬곱슬한 털이 나 있다.

④ 잎은 직경이 3~4cm로 둥글고 조금 길쭉길쭉하고(가장자리) 긴 줄기에 잎은 대생이다. 잎이 마주하여 돈모양으로 연결되어 있기 때문에 엽전초라는 이름이 있고 약효면에서 감취초(疳取草)라고도 불리운다.

* 길가, 덤불 등에서 생육한다.

맛있게 먹는 법

먹는 부분 : 어린 잎

울타리를 뚫을 정도로 덩굴을 뻗는 이 풀은 향이나 모양에 특징이 있기 때문에 이내 알 수가 있을 것이다.

① 튀김 – 꽃이 피기 전이나 개화 초기의 것은 줄기째, 생장한 것은 가능한 한 큰 잎을 골라 모은다. 씻어서 물기를 없애고 뒷면에 반죽을 해서 튀긴다. 꽃이 있는 것은 살짝 묻혀 꽃모양을 흐트러뜨리지 않게 튀긴다.

② 깨무침 – 꽃이 피기 전의 어린 것을 뿌리 밑에서 꺾어 소금을 한 줌 넣은 뜨거운 물에 잘 삶아 물에 헹구어 잘게 자른다. 이를 간장으로 풀어 무친다.

③ 겨자무침 – ②와 같이 삶아서 잘게 썰어 겨자와 간장으로 무친다.

약으로서의 사용법

사용하는 부분 : 전초(잎 · 줄기)

6~7월경 채취하여, 햇볕에 잘 건조시킨다.

① 어린이의 감병(疳病) · 감기 – 10g을 250cc의 물에 넣어 약한 불로 물이 반 정도로 될 때까지 달여 이것을 하루량으로 하여 식전 또는 식후에 나누어 먹는다.

② 허약아 – 신경질로 몸이 약하고 설사를 잘 하든가 감기에 잘 걸리는 어린이에게 사용한다. 하루량을 10~20g으로 ①과 같이 달여서 먹는다.

③ 현기증 · 당뇨병 – 15g을 2.5컵의 물에 넣어 약한 불로 약 반이 될 때까지 달여 식전 또는 식후에 나누어 먹는다. 장기간 계속하면 효과가 있다.

④ 담석 – 병꽃풀 5g과 곰버들 10g을 ①과 같이 달여서 뜨거운 것을 식전 또는 식후에 나누어 먹는다.

 병꽃풀술을 만드는 법

이른 봄, 꽃이 피어 있을 때 전초를 채취하고 씻어서 그늘에 말려 병에 넣고 3~4배의 소주 35도를 붓고, 약 2개월 후 숙성시킨 후 마신다. 그냥 마셔도 좋고 꿀, 다른 과실주, 약초주 등을 타서 마셔도 좋다.

뽕나무

뽕나무과
꽃 피는 시기 : 4월(봄)

특징

① 밭이나 산지에 많이 심어져 있고 때로는 야생하여 10m 정도 되는 낙엽고목이다.
② 줄기는 직립하고 많은 가지가 나와 넓혀진다.
③ 잎에는 줄기가 있으며, 서로 엇갈려(호생) 나와 있다. 크고 불규칙하게 잘록한 자리가 있고, 가장자리가 톱니 모양으로 깔쭉깔쭉하다. 누에는 이 잎을 먹고 누에고치를 만든다.
④ 잎의 표면은 껄쭉껄쭉하고 뒷면에 가는 털이 나 있다.
⑤ 봄에 새로운 가지 밑에 줄기가 나와 이삭 모양으로 모이는 담황색의 작은 꽃이 핀다.
⑥ 열매는 흑자색으로 익으며, 달고 맛이 있다.

＊ 양잠용으로 널리 재배되고 있다(산뽕, 들뽕, 팔장뽕 등).

맛있게 먹는 법

먹는 부분 : 어린 눈 · 어린 잎 · 열매

옛날 시골 어린이에게 뽕나무에 열리는 오디는 훌륭한 간식이었다. 적자색으로 익은 오디는 그 맛이 대단히 좋기 때문에 많은 애호를 받았다.

① 튀김 – 어린 잎을 씻어 물기를 빼고, 반죽을 양면에 묻혀 약한 불로 천천히 튀긴다.

② 겨자 무침 – 가능한 한 어린 눈을 뜯어 끓는 물에 충분히 삶아 물로 헹구어 떫은 맛을 빼고, 물기를 없애고 잘게 썬다. 이것을 겨자와 간장으로 무친다.

③ 건데기 – 같은 방법으로 삶아 잘게 썰은 어린 눈을 된장국의 건데기로 끓을 때에 넣는다.

④ 오디 먹는 법 – 잘 익은 것을 염수로 씻어 생으로 먹는다. 또 샐러드에 곁들이든가, 흑설탕, 꿀을 묻혀 잼을 만든다.

약으로서의 사용법

사용하는 부분 : 근피 · 잎 · 오디

뿌리는 채취하여 3일 정도 물에 담근 후 껍질을 벗기고 칼로 다시 표피 코르크층을 벗겨내고 햇볕에 건조시킨다. 이것을 한방에서는 '상백피(桑白皮)' 라고 하여 염증을 없애는 작용, 이뇨작용, 폐에 유혈이 있을 때의 진해작용이나 혈압강하작용이 있다고 한다.

또 건조한 잎은 '상엽' 이라 하여 카페인이 없기 때문에 이것을 차 대신 마시면 건강에 좋다. 근피 · 잎 모두 5~6월에 채취한다. 오디는 여름~가을에 딴다.

① 기침 · 담 · 천식 · 이뇨 · 신경통 – 상백피 10g을 2.5컵의 물에 넣고 약한 불로 약 반이 될 때까지 달여 이것을 하루량으로 하여 식전 또는 식후에 먹는다.

② 고혈압 · 보혈강장 · 중풍 – 상엽 20~30g을 2.5컵의 물에 넣어 약한 불로 약 30분, 2/3량이 될 때까지 달여, 이것을 차 대신 매일 계속하여 마신다.

③ 자양강장 - 익은 오디는 생으로 먹든가, 오디술을 만들이 매일 1~2잔 마신다.

 오디술 만드는 법

잘 익은 오디를 씻어 소쿠리에 넣고 물기를 뺀다. 입이 넓은 병에 넣어 약 3배량의 소주(35도)를 넣어 밀봉하여 냉암소에 둔다. 약 한 달이면 술이 익는다. 속의 오디를 꺼내면 색깔도 보기좋은 멋진 과실주가 된다.

※옛날부터 뽕나무로 만든 젓가락이나 컵을 쓰면 중풍에 걸리지 않는다고 하여 왔다. 또 생잎은 청즙의 재료로써도 매우 우수하다고 한다.

산갈퀴

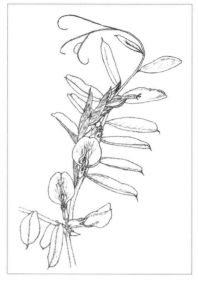

꼭두서니과
높이 : 60~90cm
꽃 피는 시기 : 4~5월(봄)

특징

① 잡초가 무성한 가운데 자라는 이년초로 풀 전체에 연한 털이 나 있고 줄기는 가늘고 사각이며 가지가 많다.

② 잎은 콩과에서 특유하게 붙는 방법으로(약상복엽) 계란형. 끝이 아주 약간 들어가고 제일 선단의 잎은 덩굴손으로 되어 다른 곳에 얼키어 붙는다.

③ 봄에 길이 15mm의 앞뒤에 홍자색을 띤 나비형의 꽃이 1~3개씩 모여 핀다.

④ 열매는 3~4cm의 콩 꼬투리 모양으로 달리고 속에 십여 개의 열매가 들어있다.

＊ 산야, 제방, 길가 등의 약간 습기가 있고 햇볕이 잘 드는 곳에서 생육한다.

맛있게 먹는 법

먹는 부분 : 덩굴 끝, 어린 잎, 어린 콩 꼬투리

2차 대전 중이나 전후에 식량사정이 좋지 않을 때에는 식량대용으로 많이 쓰였다고 한다. 먹는 시기는 꽃이 피기 전이 좋고 연화(蓮華)와 비슷한 맛이 난다.

① 깨무침 – 덩굴손이 있는 줄기 끝의 연하게 보이는 곳을 딴다. 소금을 한 줌 넣은 뜨거운 물로 데쳐 물에 헹구어 대충 짜서 적당히 썰어 깨 · 간장, 기호에 따라 미림이나 꿀을 넣어 무친다.

② 겨자 무침 – ①과 같이 데쳐서 적당한 크기로 썬 것을 겨자와 간장으로 무친다.

③ 기름 지짐 – 살짝 데쳐서 썰고 기름으로 볶아 소금과 후추로 맛을 낸다. 꽃이 지고 영그는 꼬투리도 어릴 때에 뜯어 지진다.

④ 튀김 – 잘게 썰어서 다른 재료와 혼합하여 튀긴다. 튀김의 경우는 약간 성장한 것이라도 맛있게 먹을 수 있으며 꼬투리도 같이 튀기면 더 재미있다.

⑤ 국 건데기 – 어린 잎 · 덩굴 끝은 생으로 잘게 썰고 꼬투리는 줄기를 빼고 된장국 · 맨장국에 넣어 한 번 끓여서 내놓는다.

산갈퀴 종류에 이것보다 꽃, 잎 작은 새완두, 얼치기 갈퀴, 등갈퀴덩굴도 같은 방법으로 먹을 수 있다.

약으로서의 사용법

사용하는 부분 : 전초(잎 · 줄기 · 꽃)

부종이나 열을 없애고, 내장의 기능을 높이고, 위의 작용, 귀나 눈의 작용을 활발히 한다고 한다. 전초는 봄에 꽃이 필 때, 종자는 7~8월의 여름에 채취하고 모두 햇볕에 잘 말린다.

① 말라리아 · 열병 · 부종 – 전초 20~30g을 2.5컵의 물에 넣어 약한 불로 약 반이 될 때까지 달이고 이것을 하루량으로 하여 식전 또는 식후에 나누어 먹는다.

② 귀 · 눈의 기능향상 – 건조시킨 종자 8~10g을 2컵의 물에 넣어 약한

불로 약 반이 될 때까지 달여 하루량으로 하고 이것을 식전 또는 식후
에 나누어 먹는다.

 산갈퀴와 새완두

산갈퀴와 새완두 중에서는 산갈퀴편이 크고 눈에 띈다. 산갈퀴는 새완두보다 길
고, 줄기도 굵고, 꽃은 홍자색이며 과실은 무색, 5~6개의 종자가 들어있고 검게
익는다. 새완두는 백자색의 보다 작은꽃이 피고, 과실에는 털이 있고, 속에는 종
자가 2개 들어있다.

삽주

국화과
높이 : 30~60cm
꽃 피는 시기 : 9~10월(가을)

특징

① 다년초이고 잎은 길이가 5~10cm의 타원형으로 서로 엇갈리어 나 있
다. 긴 줄기가 있어서 질은 단단하며 끝이 뾰죽하고, 가장자리에 잘게
깔쭉깔쭉하다.
② 어린 묘목은 잎 전체에 흰 솜털이 나 있다.
③ 가을에 가지 끝에 크기는 2cm 정도의 백색 또는 담홍색의 꽃이 핀다.
＊ 산지, 구릉지의 햇볕이 잘 들고 건조한 곳에서 생육한다.

맛있게 먹는 법

먹는 부분 : 어린 잎

'산에서 맛있는 것은 삽주에 잔대, 마을에서 맛있는 것은 참외와 가지' 라
고 일컬어져 먼 옛날부터 식용되어 왔다. 지난해의 시들은 풀이 아직 남아
있고 그 밑에서 겨우 싹이 나기 시작하였을 때의 것이 연하고 맛이 있다.

① 깨 무침 – 소금을 한 줌 넣은 더운 물에 살짝 데쳐 물에 헹구어 낸다. 떫은 맛을 빼고 물기를 짜서 적당한 크기로 썰어 깨 · 간장, 기호에 따라 미림이나 꿀을 넣어 무친다.

② 겨자무침 – ①과 같이 데쳐서 적당한 크기로 썰어 겨자와 간장으로 잘 무친다.

③ 흰 무침 – 잘 삶아서 잘게 썰어 행주로 물기를 짜고 두부 · 간장 · 소금 · 미림 또는 꿀로 잘 무친다.

④ 조림 – 삶아서 큼직하게 썰어 다시마 국물 · 간장 · 미림으로 천천히 조린다.

⑤ 튀김 – 씻어서 물기를 잘 빼고 반죽을 묻혀 약간 낮은 정도의 온도로 천천히 튀긴다.

약으로서의 사용법

사용하는 부분 : 뿌리

잎이 시들어 황색이 된 늦가을철에 굵고 큰 뿌리를 캐내어 햇볕에 가능한 한 단기간에 건조시킨다. 한문에서는 이 뿌리에서 창구(蒼求, 노근의 흙을 털어내고 깨끗이 씻어 수염뿌리를 깎아내어 말린 것)과 백구(白求, 어린 뿌리 외부의 코르크층을 벗겨 말린 것)와 이 중의 약을 만든다. 어느 쪽이나 위나 장을 튼튼하게 하는 역할을 한다. 창구는 반대로 지즙작용(止汁作用)을 한다.

① 위무력증 · 만성 위장병 · 소화불량 · 요통 · 설사 – 삽주에는 아향성 건위약(芽香性 健胃藥)으로서 쇠약함을 고치는 효능이 있다. 잘 말린 창구 15g을 2컵의 물에 넣고 약한 불로 반이 될 때까지 달여서 이것을 하루량으로 하여 식전 또는 식후에 나누어 먹는다.

② 현기증 · 부종 · 신체의 동통 – 창구의 분말, 3g을 식전 또는 식후에 나누어 먹는다. 말린 것 15g을 ①과 같이 달여서 먹어도 좋다.

③ 감기 · 해열 · 발즙 – 창구 10g, 생강 3g, 감초 2g을 혼합하여 달여 먹는다.

④ 중풍 – 백구 15g을 술 3.5컵에 넣어 반이 될 때까지 달여 이것을 하루량으로 하여 식전 또는 식후에 나누어 먹는다.

살 찌는 한약보다 살 빠지는 한약 많아

한약을 먹으면 살이 찐다고 믿는 사람이 많다. 그러나 냉정히 살펴보자.

마른 풀뿌리나 잎을 우려낸 국물에 무슨 대단한 칼로리가 있겠는가? 한약 한첩에는 사탕 반쪽의 칼로리도 없다. 물론 식욕을 촉진하는 한약재도 있지만, 비위가 허약해 마른 경우가 아니면 이를 처방하는 한의사는 없다.

그러나 살을 빠지게 하는 한약재는 많다. 한의학에서 비만은 기의 흐름이 원활치 못하여 습과 담이 정체되어 생긴다고 보고, 몸 속의 탁한 요소를 제거하는 방법을 쓴다. 만약 위장기능이 나쁘면서 몸이 차고 잘 붓는 체질이라면, '삽주뿌리(창출)' 같은 약재로 속을 데워 몸 속의 탁하고 무거운 기운을 없앤다.

열이 많아 가슴이 답답하고 두통이 잦은 사람이라면 대나무잎을 달여 먹으면 상당한 효과를 볼 수 있다. 이때 솔잎을 같이 넣어도 좋다.

녹차나 우롱차도 이런 경우의 비만에 좋다.

몸에 열이 많으면서 잘 붓는 사람이라면 율무를 달여 마시는 게 좋다.

달일 때는 냉장고에서 하루 정도 불린 다음 살짝 끓여 마시면 된다.

밥을 지을 때 율무를 조금씩 넣어도 된다.

부기가 있는 경우엔 옥수수 수염이나 '으름덩굴' 같은 것을 달여 먹는 게 도움이 된다.

그러나 다이어트의 제1수칙은 음식의 양에 상관없이 총 칼로리를 줄이는 것이다. 따라서 밥의 양은 줄이고 야채나 나물, 해조류를 많이 먹는 게 좋다. 생것이 먹기 불편하다면 싱거운 된장국에 야채를 많이 넣어 먹거나, 소화에 문제가 없다면 미역국도 좋다. 무엇보다 중요한 것은 저녁식사 1~2시간 후에 체조나 조깅 등의 적당한 운동을 하는 것이다.

이러한 밤운동이 혈당의 체지방화를 막으므로 비만을 방지하게 된다.

적당한 밤운동은 숙면을 취하는 데도 도움이 된다.

[조선일보] 2001-11-22

소리쟁이

마디풀과
높이 : 60cm~1m
꽃 피는 시기 : 6~8월(여름)

특징

① 풀 전체가 녹색의 다년초로 수영을 많이 닮았으나 대형이고, 줄기도
　수영과 같이 빨갛지 않다.
② 줄기는 굵고 뿌리밑의 잎은 조생하며, 긴 잎줄기가 있어 10~25cm의
　가늘고 긴 타원형이다.
③ 아주 어린 잎은 둥글고 미끈미끈한 주머니를 쓰고 있다.
④ 뿌리는 땅 속 깊이 박혀 굵고 황색을 띠고 있다(수영은 수염뿌리만이다).
＊ 벌, 길가, 밭둑 등 약간 습기가 있는 지역에서 생육한다.

맛있게 먹는 법

둥그스름하고 미끈미끈한 주머니를 쓰고 있을 때가 맛이 있다. 이 풀은
한겨울에도 녹색이 남고, 새싹이 계속하여 나기 때문에 장기간 이용된
다. 지역에 따라서는 늪의 순나물에 대하여 언덕 순나물이라고 부르기도
한다. 칼로 뿌리 밑에서 자르고 주머니를 벗겨 요리한다.

① 기름 지짐 – 뜨거운 물에서 충분히 삶아 찬물에 헹구고 적당한 크기로 썰어 기름에 지져 된장으로 맛을 낸다. 된장은 약간 싱겁게 또한 감미가 있는 것이 좋다.

② 오로라 무침 – 삶아 썰은 것을 마요네즈와 토마토 케찹을 같은 양으로 혼합하여 무친다.

③ 국 건데기 – 삶아서 잘게 썰어 된장국의 건데기로 쓴다. 기름으로 약간 볶아서 쓰면 한층 맛이 좋다.

④ 겨된장 절임 – 지나칠 정도로 절여 잘게 썰어서 먹는다. 생강을 잘게 썬 것을 섞어도 좋다.

약으로서의 사용법

사용하는 부분 : 뿌리

가능한 한 굵은 뿌리를 가장 충실한 때인 가을에서 겨울에 걸쳐 캐고, 흙을 깨끗이 씻어낸 다음, 햇볕에 충분히 건조시킨다.

① 무좀 · 백선 · 옴 · 부스럼 – 말린 뿌리의 분말에 ＊탕화를 가하고 식초 또는 술로 버무려 환부에 붙인다.

② 전풍 – 생뿌리를 갈아서 그 즙을 환부에 바른다. 또 갈은 것에 초를 몇 방울 떨어뜨려 일주일 정도 둔 것을 발라도 좋다.

③ 변비 · 여드름 · 고혈압 · 동맥경화 – 말린 뿌리 5g을 2.5컵의 물에 넣어 약한 불로 약 반이 될 때까지 달여서 이것을 하루량으로 하여 식전 또는 식후에 나누어 먹는다. 소리쟁이에는 대장 자극에 의한 완하작용이 있기 때문에 임산부는 사용을 피한다.

 소리쟁이, 수영, 호장 등과 같이 신맛이 있는 풀에는 수산이 많기 때문에 생것으로 먹지 않는 편이 좋다. 삶아서 요리하면 수산은 대부분 없어지기 때문에 안심하고 먹을 수 있다.

소리쟁이의 베개

꽃이 진 후 메밀겨와 닮은 종자가 달리는데 이 종자를 잘 말려 베개에 넣으면 머리가 상쾌하고 편안해진다. 메밀겨의 대용으로 시험하여 보면 좋다.

＊ 탕화(湯華): 광천(온천) 속에 생기는 침전물로 광천의 종류에 따라 석회화, 규화, 갈철광, 유황 등이 포함되어 있다. 약국에서 구한다.

쇠비름

쇠비름과
높이 : 20~30cm
꽃 피는 시기 : 7~9월(여름)

특징

① 잎은 길이 1~2cm의 타원형으로 전체가 육질 · 털이 없으며 광택이 있고 뒷면은 은색으로 빛난다. 1년초다.
② 줄기는 둥글고 자홍색이며 가지는 잘 나와 지면으로 뻗는다.
③ 줄기 · 잎을 눌러 으깨면 점액이 나와 끈적끈적하다.
④ 여름에 가지 끝에 모인 잎의 중앙에서 황색의 소형 꽃이 3~5개 핀다.
✻ 뜰, 밭, 길가 등의 햇볕이 잘 드는 곳에서 자란다.

맛있게 먹는 법

먹는 부분 : 잎 · 줄기
한여름 밭 전면에 뻗어나 농민을 괴롭히는 귀찮은 풀인데, 꽃이 필 때도 먹을 수 있기 때문에 많이 이용하면 좋다. 의외로 맛이 있다. 시원한 맛이 있어서 술안주에도 좋다.
① 된장 무침 – 줄기 끝 2~3cm의 곳과 큰 잎을 뜯어 끓는 물에 살짝 데

쳐 찬물에 식혀 짜둔다. 이것을 미림을 녹인 된장으로 무친다. 된장은 싱거운 것이 좋다.

② 겨자 무침 – ①과 같이 데친 것을 겨자와 간장으로 무친다.

③ 오로라 무침 – 데쳐 물기를 빼고 같은 양의 마요네즈와 케찹을 섞은 것으로 무친다. 마요네즈는 유정란의 것이 좋고 케찹은 첨가물이 없는 자연식품을 쓴다.

④ 조림 – 잎·줄기를 뜯어 날 것대로 다시마 국물·간장·미림으로 천천히 조린다.

약으로서의 사용법

사용하는 부분 : 전초(잎 · 줄기)

개화 전 5~6월경에 채취하여 햇볕을 건조시켜 둔다. 건조를 빠르게 하기 위하여 한 번 쪄서 수분을 빼고 햇볕에 말리면 좋다. 생엽도 쓴다.

① 간장병 – 말린 잎·줄기 15g을 2.5컵의 물에 넣어 약한 불로 약 반이 되게 달여 이것을 하루량으로 하여 식전 또는 식후에 먹는다.

② 옴·백선·사마귀 – 생엽 짠 즙을 하루 수회 환부에 바른다. 꾸준히 계속한다.

③ 자궁암 – 신선한 잎·줄기를 쪄서 으깨어 질척하게 하여 가제에 충분히 스며들게 하여 질 속에 넣는다. 매일 갈아야 한다.

 굵고 연한 줄기만 모아 데쳐 건조시켜서 고비 모양으로 이용하는 것도 좋다.

쇠비름의 특성

여러 가지 이름이 있으나 뽑아도 뽑아도 시들지 않고 한여름이 되면 황색 꽃을 가득히 피우는 생명력이 강한 풀이다. 비가 안와도 자란다. 영어로 pig weeds라고 하여 돼지가 먹는 잡초라는 뜻인데, 산미가 있는 부드러운 맛은 일등 진미로 비타민C나 미네랄도 풍부하여 영양적으로도 좋은 풀이다.

방광염에 좋은 음식

 방광염은 소변을 참는 경우 잘 걸리는 질환으로 알고 있는 사람이 많다. 이는 방광 안에 세균이 오래 머물러 있기 때문인데, 의외로 수면이 부족하거나 영양소를 골고루 섭취하지 않을 때도 저항력이 떨어지면서 방광염에 걸리기 쉽다. 일단 방광염에 걸리면 소변이 자주 마렵고 잘 참지 못해 곤혹스럽다. 또 금방 소변을 보았는데도 개운하지 못하고 때론 통증과 함께 혈뇨를 보이기도 한다. 이럴 때는 술이나 커피, 녹차 등 카페인 식품과 매운 음식, 탄산음료, 신맛 나는 과일주스나 꿀과 설탕 등 단 음식은 방광을 더 자극하므로 삼가는 것이 좋다. 개중엔 소변이 마려울 때마다 고통스럽기 때문에 일부러 물을 마시지 않을 수 있는데, 이는 염증을 더욱 악화시킬 수 있다. 오히려 수분이 많은 음식을 충분히 섭취하는 것이 염증을 가라앉히는 데 도움이 된다. 그 중에서도 한여름 제철 과일인 수박은 예부터 신장병, 고혈압과 더불어 방광염에 특효가 있는 것으로 알려져 있다. 세균으로 염증이 생긴 방광이나 요도를 대량의 소변으로 씻어내리는 작용을 한다. 먹으면 장수한다고 해 '장명채(長命菜)'로도 불리는 쇠비름 또한 소변을 시원하게 볼 수 있게 하는 효능을 발휘한다. 갓 채취한 쇠비름을 삶아 나물로 무쳐 먹어도 괜찮고, 한약건재상에서 '마치현'이라는 쇠비름 말린 것을 사다가 차로 끓여 수시로 마셔도 된다. 만약 특별한 원인 없이 방광염으로 자주 고생하는 사람들은 팥과 파를 끓여 즙을 내 마셔 보도록 한다. 특히 소변색이 흐리거나 혈뇨와 함께 배뇨통이 있을 때 효과를 볼 수 있다. 또 통증 없이 방광을 눌렀을 때 오히려 시원한 느낌이 들면서 소변이 자주 마려운 경우에는 참마를 구해다 갈아서 죽을 끓여먹으면 좋다. 죽이 싫으면 생것을 갈아 소금과 참기름 등으로 간을 한 뒤 김을 뿌려 먹어도 무방하다. 배뇨통이 심한 사람에게는 연근이 유익하다. 연근은 소염 진통 및 지혈작용이 뛰어나 통증을 빠르게 가라앉히는 효과가 있다. 연뿌리를 잘 씻은 뒤 껍질을 벗겨 강판에 간 다음 가제로 꼭 짠다. 이때 나온 생즙을 소주잔에 가득 담아 공복에 마시면 된다.

[문화일보] 2002-05-15

수영

마디풀과
높이 : 50~80cm
꽃피는 시기 : 5~6월(봄)

특징

① 줄기는 둥글고 속이 비어 있으며 불그스름하고, 씹으면 신맛이 나는 다년초다.

② 뿌리는 굵고 짧으며 주근(主根)이 없다(수영과 많이 닮은 소리쟁이는 주근이 있다).

③ 잎은 길이 6~10m의 가늘고 긴 타원형이고, 뿌리 밑에서 자라나는 것에는 긴 줄기가 있고 상부의 것은 본줄기를 감싸 안는다.

④ 봄에 줄기 상부에 수 개의 가지를 내고 너덜너덜하게 눈에 띄지 않는 꽃이 이삭 모양으로 핀다.

＊ 벌, 논두렁, 밭의 가장자리, 길가 등에서 자생한다.

맛있게 먹는 법

먹는 부분 : 줄기
모심기도 거의 끝나고 정연히 줄지어 서있는 모가 수면에 비칠 때, 논두

렁 길에 빨간 이삭을 가지런히 한 수영은 한가한 전원 풍경을 그려내는 그 계절의 맛이다.

① 초된장 무침 – 될 수 있는 대로 연하게 보이는 것을 골라 이삭을 훑어 내고 줄기만으로 한다. 뜨거운 물에 소금을 한 줌 넣고 삶아 물에 헹구 어 떫은 맛을 없앤다. 물기를 빼고 적당한 크기로 하여 된장·초·미 림으로 무친다.

② 양념장 무침 – ①과 같이 삶아서 적당히 썰어 초·소금·꿀로 무친다.

③ 하룻밤 절임 – 작은 곳부터 얇게 잘라 소금을 뿌려 무거운 돌로 하룻밤 눌러둔다. 염분을 대충 씻어내고 먹는다. 차조기 열매, 생강을 잘게 썰 은 것, 양하를 얇게 썬 것을 같이 섞어도 맛있다.

약으로서의 사용법

사용하는 부분 : 전초(잎·줄기·뿌리)

전초는 5, 6월경에 채취하고 뿌리는 가장 충실한 가을부터 겨울에 파내 고 각각 생것으로 또는 건조하여 사용한다.

① 백선(白癬)·완선(頑癬)·무좀·전풍 – a. 신선한 생뿌리를 갈아 으깨 어 그 액즙을 환부에 바른다. 또 그것을 초 몇 방울에 개어 일주일쯤 지난 후에 발라도 잘 듣는다. b. 말린 뿌리를 분말로 하여 그것에 탕화 (소리쟁이 참조)나, 없으면 시판하는 유황의 가루 분말을 가하여 초 또 는 술로 개어 환부에 붙인다.

② 갈증·정혈 – 야외산책이나 등산 등을 할 때 목이 말라 갈증을 느낄 때 는 길가의 수영 줄기를 씹으면 갈증이 없어진다.

 추억의 수영의 맛

과자 등 군것질을 구하기 힘들었던 시절에 어린이들 특히 시골 어린이들은 야생 초를 꺾어 잘 먹었다. 놀러 나갈 때 주머니에 소금을 조금 넣어두고 놀이에 지치 면 풀밭에 뒹굴면서 이 수영에 소금을 뿌려 신맛을 씹어 먹는다. 이러한 추억을 가진 사람도 적지 않을 것이다. 그런데, 수영·호장·쇠비름과 같이 신맛을 내는 풀에는 수산이 많아 생으로 많이 먹으면 담석이나 신장결석을 일으키는 일이 있 다. 영양학적으로는 수영에는 비타민(건조엽 100g 속에 1200㎎이나 들어 있다)이 많이 들어 있다. 개화 전의 잎에 이것이 가장 많기 때문에 적당히 먹어 두면 좋다.

식나무

층층나무과
높이 : 2~3m
꽃 피는 시기 : 3~5월(봄)

특징

① 널리 정원수로 이용한 자웅(雌雄) 이주의 상록 관목이다.

② 봄에 가지 끝이 녹색에서 자색을 띤 작은 꽃이 많이 핀다.

③ 잎은 길이 10~15cm의 긴 타원형으로 마주 피고(대생), 가장자리가 깔쭉깔쭉하며 두껍고 광택이 있다.

④ 꽃이 끝나면 길이가 1.5~2cm의 타원형 열매가 나고 겨울 동안에 익어 아름다운 적색이 된다.

✱ 산지의 숲 사이 등에 서식한다.

맛있게 먹는 법

먹는 부분 : 새순

뜰에 많이 있는 이 나무도 원래는 산지에 자생했던 것이다.

이른 봄의 새순이 아직 열리지 않고 둥근 때에 뜯어 낸다. 여기저기 군생하고 있기 때문에 한 나무에서 집중적으로 뜯지 않게 한다.

① 기름 지짐 – 소금을 한 줌 넣은 끓는 물로 잘 삶아 물에 헹구어 떫은 맛을 빼고 물기를 없앤다. 기름으로 지져 된장 또는 간장을 발라 다시 잘 지진다.

② 튀김 – 조금 벌어지기 시작한 새순도 쓸 수 있다. 씻어서 물기를 빼고 반죽을 묻혀 약간 높은 온도로 튀긴다.

③ 소금 절임 – 둥근 새순을 소금에 절여 몇 개월 둔다. 먹을 때에는 짠맛을 빼고 기름으로 지지든가 다시 된장에 일주일 정도 담가두든가 한다. 더운 밥에 곁들여 먹으면 꽤 맛이 있다.

약으로서의 사용법

사용하는 부분 : 잎

4계절을 통하여 파란 광택이 있는 잎을 쓴다. 이 잎은 옛날부터 민간약으로서 종기, 화상 등의 염증을 없애는 목적으로 널리 쓰여져 왔다.

① 종기 · 화상 · 베인 상처 · 찰과상 – 신선한 생엽을 불에 쬐고 연하게 하여 절구에 찧어 질척하게 한다. 이것을 하루에 여러 번 환부에 바른다. 급할 때는 생엽을 그 자리에서 비벼 그 즙을 발라도 된다. 지방에 따라서는 질그릇에 넣어 검게 쪄서 굽든가 분말을 쓰는 곳도 있다.

 흔히 정원수로 심는 나무이기 때문에 구하여 정원에 심어두면 좋다. 또 이름을 '산호나무'라고 하는 것과 같이 빨간 열매는 아름답고 꽃꽂이용으로써도 인기가 있다.

식나무는 구미(歐美)에서도 인기

일본 특산의 식나무는 잎이 연중 파랗고 그늘에서도 잘 자란다. 해충이나 공해에도 강하고, 추위도 잘 이겨낸다. 광택이 있는 잎의 녹색과 겨울에 익는 빨간 열매와의 선명한 대조는 참 아름답고 구미에서는 관상용으로 많이 심는다. 구미에 식나무가 처음으로 보내진 것은 1783년 미국인 그레파의 손에 의한 것인데, 그는 처음 암나무밖에 보내지 않았기 때문에 빨간 열매를 맺는 식나무는 한동안 보지 못하였다. 그 후 1860년에 이르러 겨우 또 다른 사람이 수나무를 보내어 구미에서도 아름다운 빨간 열매가 달린 식나무를 관상할 수 있게 되었다고 한다.

싸리

콩과
높이 : 2m 전후
꽃 피는 시기 : 9~10월(가을)

특징

① 각지의 산야에서 보통 보이는 낙엽 관목이다.

② 줄기는 가늘고 긴 가지가 많고, 그 가지에서 잎줄기가 있는 3매의 2~5cm의 가늘고 긴 타원형의 잎이 난다.

③ 잎의 뒷면은 약간 흰색을 띠고, 아주 자잘한 털이 나 있다.

④ 가을에 잎줄기 밑부분에서 꽃줄기가 나고, 그 끝에 1cm 정도의 나비형의 홍자색 꽃이 10개 전후 모여서 핀다.

＊ 햇볕이 좋은 산야 등에 자생한다.

맛있게 먹는 법

먹는 부분 : 어린 잎 · 꽃

종류에 따라 탄닌이 많아 쓴 것도 있으나 비수리, 괭이싸리 등을 제하고는 대개 먹을 수 있다. 맛에서는 풀의 키가 50cm 정도의 나비나물 편이 좋다.

이 풀도 어린 잎, 꽃을 먹는다.

① 깨 무침 – 가능한 한 어린 잎을 뜯어 소금을 한 줌 넣은 끓는 물에 살짝 데쳐 물에 헹구어 짠다. 깨 · 간장 · 미림이나 꿀로 잘 무친다.

② 겨자 무침 – ①과 같이 데쳐 짠 것을 겨자와 간장으로 무친다.

③ 조림 – 데쳐 물기를 없애고, 기름으로 살짝 지져 다시마 국물과 간장으로 국물이 없어질 때까지 조린다.

④ 국 건데기 – 살짝 데쳐 된장국의 건더기로 한다.

⑤ 꽃의 초간장 무침 – 꽃을 훑어 모아 끓는 물로 살짝 데쳐 초 · 소금 · 꿀로 무친다.

약으로서의 사용법

사용하는 부분 : 전초(잎 · 가지 · 뿌리)

싸리는 약용, 식용보다는 관상용으로 옛날부터 많이 쓰여져 왔다. 전초를 개화기의 7~9월에 채취하여 적당한 크기로 잘라 햇볕에 잘 말린다.

① 어지러움 · 두통 · 상기 · 기침 – 전초 20~30g을 2.5컵의 물에 넣어 약한 불로 약 반이 될 때까지 달여 이것을 하루량으로 하여 식전 또는 식후에 나누어 마신다.

② 건강 유지 – 잎을 건조시켜 적량을 차 대신 매일 계속 마신다.

 잎 · 꽃 다 작아서 모으는데 힘이 드나, 소량이라도 계절맛을 즐기는 것이 좋다. 꽃은 데치면 색이 나빠지나 초로 무치면 원색으로 돌아간다.

쑥

국화과
높이 : 60cm~1.2m
꽃 피는 시기 : 9~10월(가을)

특징

① 잎 모양이 국화를 닮은 다년초다. 국화보다 전체가 가느스름하고 윗부분으로 갈수록 소형이 되고 깔쭉깔쭉한 것이 없어진다.

② 잎은 서로 엇갈려 붙고(호생), 특유한 향기가 있으며 뒷면에는 흰솜털이 나 있다.

③ 번식력이 강하고 땅속줄기는 옆으로 뻗고 이 땅속줄기로 계속 번식해 나간다.

④ 줄기는 잘 나뉘어져 그 끝에 늦은 여름쯤부터 담갈색의 작은 꽃이 송이 모양으로 많이 핀다.

＊ 산야의 황무지, 길가, 제방 등의 햇볕이 잘 드는 곳에서 자란다.

맛있게 먹는 법

먹는 부분 : 어린 눈, 어린 잎

야생초를 넣은 떡이라면 거의 쑥의 새눈을 같이 넣어 만든 것을 가리키는

데 이 풍습은 옛날부터 쓰여져 온 것이다.

① 튀김 - 약간 생장한 것이라도 연한 것은 먹을 수 있기 때문에 장기간 이용할 수가 있다. 엷게 탄 반죽을 살짝 발라서 낮은 온도의 기름으로 천천히 튀기며, 잎이 뭉치지 않게 젓가락으로 저어 약간 딱딱하게 튀긴다.

② 쑥떡 - 쌀가루를 물로 개어 시루나 찜통으로 찐다. 쑥은 아주 어린 눈을 뜯어 소금을 한 줌 넣은 끓는 물에 삶아 물에 헹군다. 잘게 썰어 다시 절구에 넣고 빻는다. 이것을 찐 쌀가루와 잘 섞어 적당한 크기로 뭉쳐 팥이나 콩가루를 묻혀 먹는다.

③ 조림 - 삶아서 물에 헹군 것을 잘게 썰어서 기름으로 살짝 볶고 간장으로 국물이 없어질 때까지 천천히 조린다.

④ 쑥밥 - 삶아서 잘게 썬 것을 간을 맞추어서 지은 밥에 잘 혼합한다. 쑥 냄새가 아련하게 나 좋다.

약으로서의 사용법

사용하는 부분 : 잎

6~8월경의 것을 채취하여 햇볕에 충분히 건조시킨다. 생엽도 이용한다.

① 벌레 물림 · 베인 상처 - 어린 잎을 잘 비벼 즙을 내서 환부에 바른다. 그 찌꺼기를 환부에 붙여 고정시켜 두어도 좋다.

② 고혈압 - 신선한 생엽을 절구에 넣고 물을 부어 찧어서 청즙을 만든다. 하루량을 술잔 한 잔으로 하고 매일 마신다. 과음은 건강에 좋지 않으므로 적당량만 섭취하면 된다.

③ 치질 · 출혈 · 자궁출혈 · 코피 - 건조시킨 잎 20g과 생강 2g을 2.5컵의 물에 넣어 약한 불로 약 반이 될 때까지 달인다. 이것을 하루량으로 하여 식전 또는 식후에 나누어 마신다.

④ 신경통 · 류머티스 - 건조시킨 잎을 20g, 율무 열매 4g, 감초 2g을 혼합하여 달여서 마신다.

⑤ 위병 - 신선한 생엽을 취하여 물로 삶아 헝겊으로 걸러 찌꺼기를 버린다. 이 액을 졸여서 엑기스를 만들어 젓가락 끝으로 취한 정도의 양을 1회분으로 하여 물에 녹이든가 오블라토(Oblato: 녹말질로 만든 포장지)로 싸서 먹으면 특효가 된다.

B형간염 치료엔 사철쑥 효과 탁월

간염의 원인은 여러 가지이나 바이러스에 의한 B형 간염이 특히 문제다. 특효약이 없어 환자와 치료자를 곤혹스럽게 만든다.

B형간염 바이러스는 환자의 핏 속에 들어 있어 수혈이나 주사, 침을 통해 전염되기도 하고 타액과 눈물, 젖, 정액, 월경혈, 소변, 대변을 통해 옮기도 한다.

한의학은 병균에 감염된 염증을 치료할 때 병균이 어떤 병균인지 구분하려 하지도 않고 병균을 죽이려 하지도 않는다. 병균을 죽여도 병균이 살기 좋은 조건이 지속되는 한 새로운 병균이 들어오기 때문이다. 병균은 쓰레기통의 파리와 같다. 파리를 살충제로 죽여도 그때뿐 쓰레기통을 제거하지 않는 이상 파리는 또 생긴다.

술잔을 돌리고 공중 목욕탕을 사용하며 간염환자와 같은 식기를 써도 어느 사람은 감염이 되고 어느 사람은 감염되지 않는 것은 그 사람의 간상태에 달려 있다. 간에 노폐물이 많으면 간염균이 서식하는 것이고 간이 건강하면 간염균이 서식하지 않는다.

어느 특정 부분을 건강하게 하는 한약이 발달해 있다. 한의학에는 바이러스병이 어렵다는 개념조차 없다.

사철쑥을 주제로 한 한방약을 임상시험한 결과, 양의사들이 우려하듯 간에 독으로 작용하기는 커녕 간염 치료에 탁월한 효과를 입증했다. 참외꼭지를 주제로 한 바이러스성 B형 간염 치료제의 효과 또한 탁월하다.

간경변증과 간암에도 유효한 데이터를 갖고 있다.

양약 중 몇 가지가 간에 독이 되듯 한약도 일부만 간에 독성으로 작용하므로 독성이 없는 약을 골라 사용할 수 있다. 한약 중에는 간을 건강하게 할 수 있는 영양물질이 있다.

[헤럴드경제] 2003-11-14

※쑥떡에 넣는 쑥은 아주 어린 때의 것이 필요하다. 그래서 이 시기에 다량 채취하여 냉동 보관하여 두면 항상 맛있는 쑥떡을 만들 수 있다.

쑥부쟁이

국화과
높이 : 40~50cm
꽃 피는 시기 : 7~9월(여름~가을)

특징

① 땅속줄기로 번식하는 다년초로 줄기 · 잎 모두 털이 없고 표면에는 약
   간 광택이 있다.
② 잎은 서로 엇갈려 붙어 있고(호생) 작은 톱니형이다.
③ 어린 잎은 톱니형이 작고 줄기는 적자색을 띠고 있다.
④ 여름부터 가을에 걸쳐 직경 약 2m의 엷은 자색의 꽃이 드문드문 피어
   있다. 들국화라고 불리어 친근감을 주는 것이 이것이다.

＊ 길가, 논밭의 두렁이 등 약간 습기가 많은 곳에 자생한다.

맛있게 먹는 법

먹는 부분 : 어린 잎

이른 봄의 어린 잎은 가을 들국화의 이미지와는 좀 다르기 때문에 주의를
요한다. 이 종류는 많지만 어느 것이나 다같이 먹을 수 있다.

① 튀김 – 이른 봄의 것은 모종채, 조금 생장한 것은 잎을 3~4매 붙여서

뜯어낸다. 씻어서 물기를 빼고 반죽을 살짝 묻혀 튀긴다.

② 깨 무침 – 소금을 한 줌 넣은 끓는 물에 잘 삶아 물에 헹구어 떫은 맛을 빼고 짜서 적당한 크기로 썬다. 깨 · 간장 · 미림 또는 꿀로 무친다.

③ 쑥부쟁이 밥 – 잘 삶아 떫은 맛을 뺀 것을 잘게 썰어 소금과 간장을 넣어 밥에 섞는다. 깨를 좀 치면 한층 맛있다. 간장을 너무 치면 밥 색이 좋지 않기 때문에 소금을 주로 쓴다.

약으로서의 사용법

사용하는 부분 : 전초(잎 · 줄기)
봄에 전초를 채취하여 햇볕에 건조시킨다. 생엽도 이용한다.

① 벌레 물림 – 생엽을 짠 즙을 환부에 비벼 바른다.

② 임질 – 건조시킨 전초 20~40g을 2.5컵의 물에 넣어 약 반이 될 때까지 달여, 이것을 하루량으로 하여 식전 또는 식후에 나누어 먹는다.

③ 방광염 · 이뇨 – 생엽을 짠 즙을 한 잔씩 아침, 저녁 식전에 먹는다. 또 전초 20g을 ②와 같이 달여서 마셔도 효과가 있다.

 국화과의 식물에는 독특한 향기와 쓴맛이 있는데 이것은 야생초의 취미라고도 할 수 있는 것으로 소중하게 하여야 한다.

쑥부쟁이
옛날부터 사랑받아온 야생초 중의 하나다. 봄에는 쑥부쟁이, 가을에는 들국화로 우리들에게 널리 친숙하여진 이 풀은 그 옛날부터 벌써 식용으로 쓰여 왔었다. 먹을 수 있는 야생초 중에서는 가장 클래식한 부류에 들 것이다. 봄날 들에 연기 나는 것이 보인다. 소녀들이 봄날 들에서 쑥부쟁이를 뜯어 삶고 있는 것인가.
화창하고 한가로운 봄날, 옛날 새아씨들이 봄에 들에 나가 이 풀을 뜯고 있는 아름다운 전경이다. 그 젊고 싱싱한 모습이 이 풀과 흡사하다고 하여 '嫁草(가채)'(요메나… 일본말로 쑥부쟁이를 가리킴)라는 이름이 지어졌다고 한다.

예덕나무

대극과
높이 : 5~10m
꽃 피는 시기 : 6월(여름)

특징

① 새싹은 홍색이고, 봄에 산을 거닐 때 눈에 잘 띄는 낙엽교목이다.

② 생장이 상당히 빠른 나무로 끝이 뾰족한 약간 원형의 큰 잎에는 불그
스름한 무늬가 있고, 가지에 서로 엇갈려 붙어 있다. 가지, 잎 다같이
잔털이 나 있다.

③ 암수가 다른 그루이고 여름에 원추 모양의 황색 웅화(雄花)와 작은 이
삭 모양의 자화(雌花)가 가지 끝에 핀다.

＊ 야산에 널리 자생한다.

맛있게 먹는 법

먹는 부분 : 새싹이 빨갛기 때문에 일본어로 '적아백(赤芽柏)'이라고 하고
별명은 '채성엽(菜盛葉)'이라고 하며 잎이 크기 때문에 캠핑 등에서 식기
가 모자랄 때에 이 잎에 음식을 담아 먹기도 한다.

① 무침 – 이른 봄에 돋아난 지 얼마 안되는 새싹을 뜯어 소금 한 줌을 넣

은 열탕에 잘 데쳐 물에 헹구어 떫은 맛을 없앤다. 물기를 빼고 잘게 썰어서 깨 또는 꿀을 넣고 무친다.

② 겨자 무침 – ①과 같이 데쳐서 잘게 썰은 것을 겨자와 간장으로 무친다.

③ 기름 지짐 – 데쳐서 자잘한 것을 기름으로 지져 된장 또는 간장으로 맛을 낸다.

약으로서의 사용법

사용하는 부분 : 수피, 잎

다같이 한여름에 채취한 것이 가장 좋고 어린 잎이나 오래된 잎은 약효가 떨어진다. 수피는 초여름의 생장기에 칼로 세로 자국을 내두면 잘 벗겨진다. 햇빛으로 잘 건조시켜 잘게 썰어서 사용한다. 예덕나무는 탄닌을 다량 함유하고 있어서 수감작용(收歛作用)이 강하고 위병·치질·종기 등에 효과가 있다.

① 위병·위하수 – 수피 10~15g을 2.5컵의 물에 넣고 약한 불로 물이 반 정도로 될 때까지 달이고 이것을 1일 분량으로 하여 식전 또는 식후에 나누어 복용한다.

② 치질 – 생엽 약 500g을 4~5ℓ의 물에 넣고 2/3~1/2양이 될 때까지 달이고 물을 미지근하게 식힌 다음에 환부를 씻는다. 1일 수회 느긋하게 계속한다.

③ 종기·유선기(乳腺器) – 생엽 약 500g을 4~5ℓ의 물에 넣고 ②보다 진하게 달이고 그 즙으로 환부를 더운 찜질을 한다. 식으면 몇 번이라도 다시 데워 부기가 빠질 때까지 느긋하게 계속한다. 또 생잎을 잘 비벼 직접 환부에 붙이는 것도 효과가 있다.

④ 뜸 후의 진무름 – 뜸 뜬 후에 진무를 때에는 생잎을 태워 가루로 만들어 그 분말을 환부에 뿌리면 효과가 있다.

 메모 **적아백(赤芽柏)과 채성엽(菜盛葉)**

적아백은 자작과의 柏(떡갈나무)과는 다르다. 생장이 빠르고(수년에 5m나 자람) 그 이름과 같이 어린 싹·어린 잎은 아름다운 적색을 띠고 있다. '柏'은 옛날 밥이나 떡을 이 잎으로 싸서 먹는 관습이 있어서 '채성엽'이라고도 불리어 왔다. 막 익힌 밥을 이 잎에 싸면 柏의 향이 옮아 야취(野趣)가 있다. 옛날에는 이 열매의 세모(細毛)를 모아 구충제로도 사용했다고 한다.

오갈피나무

두릅나무과
높이 : 2~3m
꽃 피는 시기 : 5월(봄)

특징

① 인가에서 재배되며 생울타리 등이 되어 있는 낙엽관목이다.

② 줄기에서 많은 가시가 있는 가는 가지가 나오고 뿌리는 지중을 자꾸
뻗어서 새로운 묘목을 만들어 번식한다.

③ 잎에는 털이 없으며 길이 3~7cm 타원형이다. 잎의 줄기는 길고 다발
이 되어 매달리고 잎은 다섯으로 깊이 갈라져 가장자리가 껄껄하다.

④ 초하에 뭉쳐 붙어있던 잎줄기 사이에서 그 잎줄기보다도 긴 가지가 나
와 그 끝에 황록색의 작은 꽃이 반구형으로 많이 핀다. 암수가 각각 다
른 나무다.

⑤ 과실은 익어서 검고 작은 구(球)가 된다.

✱ 산야의 잡목 숲 속이나 개울가 등에 서식한다.

맛있게 먹는 법

먹는 부분 : 어린 싹, 어린 잎

옛날부터 강장식으로 이용되어 온 것으로 시골에 가면 이것이 생울타리로 되어 있는 것을 흔히 볼 수 있다. 가시가 있기 때문에 울타리용으로는 적격이다.

① 튀김 – 갓나온 새순을 흐트러지지 않게 뜯어 내어 깨끗이 씻어서 물기를 빼고 전체에 밀가루 반죽을 입혀 튀긴다.

② 나물 – 아주 어린 잎을 뜯어 소금을 한 줌 넣은 뜨거운 물에 잘 데쳐서 물에 헹구어 떫은 맛을 뺀다. 쓴맛을 잘 빼기 위해서는 하룻밤 정도 두고 가끔 물을 갈아 준다. 물에서 건져 물기를 짜내고 적당한 크기로 썰어 간장·가다랭이포·뱅어포 등을 쳐서 먹는다.

③ 겨자무침 – ②와 같이 삶아서 충분히 떫은 맛을 빼고 이겨 간장으로 무친다.

④ 오갈피 밥 – 짠맛을 가미한 밥을 짓는다. 삶아서 충분히 헹군 눈, 잎을 잘게 썰어서 밥과 잘 버무린다.

약으로서의 사용법

사용하는 곳 : 근피, 잎, 꽃, 줄기

싹이 나기 전의 3개월경에 뿌리를 채취하여 껍질을 벗기고 일광으로 건조시킨다.

이것을 한방에서는 '오가피' 라고 하고 특이한 향과 쓴맛이 있다. 잎은 봄의 어린 잎을, 줄기는 사계절을 통하여 쓴다.

① 강장·임포턴트·진통 – 근피 약 10~15g을 2.5컵의 물에 넣고 약한 불로 약 반으로 줄 때까지 달이고, 이것을 하루량으로 하여 식전 또는 식후로 나누어 먹는다. 또 오가피주를 자기 전에 두 잔 정도 마시는 것도 효과가 있다.

② 요통·하장통(下腸通) – 건조시킨 잎 15g 혹은 잎·줄기·뿌리를 혼합한 것 20g을 하루량으로 하여 3컵의 물로 ①의 때와 같이 달여서 하루 세 번으로 나누어 마신다.

③ 강정·피로회복 – 오가피를 만들어 차 대신 매일 계속 마신다. 혹은 봄의 어린 잎을 쪄서 건조시켜 손으로 잘 비벼 잘게 하고 볶은 소금을 섞어 현미밥에 섞어 먹는다.

 ### 오가피주를 만드는 법

껍질을 벗기고 건조시킨 굵은 뿌리 50g을 1.8ℓ 의 소주(35도)에 넣어 밀봉하여 냉암소에 둔다. 한 달이면 엿색으로 익으니까, 적당히 물·다른 과실주·약용주와 칵테일하여 마신다. 재료는 그대로 두어도 된다. 중국의 오가피주는 이 재료를 달인 즙에 누룩과 밥을 가하여 양조한 것이다.

오가피차를 만드는 법

오갈피의 잎·구기자의 잎·찻잎을 건조시켜 각각 같은 양으로 혼합한다.

노인 면역력 높이려면

동전을 높이 쌓으려면 우선 모양이 찌그러지지 않은 깨끗한 동전이 필요하다. 또 동전이 높게 쌓여갈수록 바람이 불거나 옷자락만 닿아도 쓰러지기 쉽기 때문에 더 조심해야 한다. 사람의 수명은 이 동전 쌓기에 비유할 수 있다. 병에 걸리지 않고 오래 살기 위해서는 내적인 이상과 외부의 나쁜 기운을 물리쳐야 한다. 이러한 역할을 하는 것이 우리 몸의 면역기능이다. 노화가 진행되면 면역기능이 저하되어 세균이 침범했을 때 염증이 잘 생기거나 또 이미 생긴 상처가 잘 아물지 않는다. 또 안에서 생긴 나쁜 물질이나 이상한 세포의 출현에 대하여 적절하게 제거하지 못해 질병이 생길 수 있다. 정상적인 면역기능을 유지하는 것은 노화를 늦추고 질병에 걸리지 않도록 하는 데에 중요하다. 특히 노인에게는 내적인 허약상태에 대한 보법(補法)이 한의학에서 활용돼 왔다. 즉 타고난 신체의 건강상태와 생활환경, 음식 또는 습관의 문제 등을 고려하여 부족한 부분을 보강하는 것을 말한다. 자체적인 회복력을 증강시켜 질병을 극복할 수 있도록 하는 지혜. 일반적으로 면역력을 높이고 장수하는 방법으론 소식과 규칙적 운동이 가장 중요하다. 미 국립보건원에선 먹이를 줄인 쥐의 수명이 오히려 늘었다는 연구결과를 보고한 적이 있다. 규칙적인 운동은 전반적인 장기 기능을 유지하는 데 도움이 된다. 특히 땀을 많이 흘리고 기력을 잃기 쉬운 여름철엔 인삼, 맥문동(麥門冬), 오미자(五味子)를 2:1:0.5로 배합하여 달인 생맥산을 수시로 마시면 도움이 된다. 노인뿐 아니라 땀을 많이 흘리는 운동선수나 갈증을 심하게 타는 사람들이 이온음료 대신 먹으면 좋다. 또한 평상 시에는 구기자(枸杞子)나 오갈피나무의 뿌리나 줄기(五加皮)를 달여서 차 대신 마시면 질병에 대한 저항력을 높이는 데 도움이 될 수 있다.

일부의 약재는 '아답토겐'이라는 물질이 있어서 면역력이 떨어진 사람에서는 면역기능을 올려주고, 면역력이 과도하게 항진된 사람에게는 오히려 과민반응을 줄여준다.

[한국일보] 2003-05-19

우슬

비름과
높이 : 50cm~1m
꽃 피는 시기 : 8~9월(여름)

특징

① 쇠무릎이라고도 한다. 뿌리는 가늘고 줄기는 사각형으로 곧게 뻗으며,
  마디가 부풀고 조금 구부러진 다년초다.
② 잎에는 털이 없고 길이 7~15cm 구의 타원형으로 끝이 뾰족하고,
  1~2cm의 잎줄기를 가지고 줄기에 서로 맞붙어 나 있다(대생).
③ 줄기 · 가지 끝에 가늘고 긴 이삭이 있고, 꽃은 담록색으로 눈에 띄지
  않는 곳에 띄엄띄엄 피어 있다.
＊ 그다지 해가 들지 않는 숲 사이 등에 나 있다.

맛있게 먹는 법

먹는 부분 : 어린 잎, 어린 이삭

가을에 들에 나가면 옷에 반드시 붙어오는 것이 이 우슬의 종자다.

① 튀김 – 잎을 하나하나 뜯어서 씻어 물기를 빼고, 뒷면에 반죽을 묻혀
  튀긴다. 어린 이삭도 살짝 반죽을 하여 튀긴다.

② 버터 지짐 - 가능한 한 어린 눈을 뜯어 소금을 한 줌 넣은 끓는 물에 잘 삶아 찬물로 헹구어 짜서 적당한 크기로 썬다. 마가린(식물성으로 첨가물이 없는 것)으로 잘 지져, 소금·후추로 맛을 낸다.

③ 깨 무침 - ②와 같이 삶아 썰은 것을 깨·간장·미림이나 꿀로 무친다.

④ 겨자 무침 - ②와 같이 삶아 썰은 것을 겨자와 간장으로 무친다.

약으로서의 사용법

사용하는 부분 : 뿌리·전초(잎·줄기·종자)

뿌리·전초와 같이 가을에서 겨울에 걸쳐 채취하여 건조시킨다. 뿌리를 흙이 붙은대로 처리한 것을 한방에서 '우슬(牛膝)'이라고 하며, 이뇨작용·정혈작용이 있어서 양이 많으면 유산의 염려가 있기 때문에 임산부는 주의하여야 한다.

① 생리불순·부종·류마티스·각기 - 뿌리 5~10g을 2컵의 물에 넣어 약한 불로 약 반이 될 때까지 달여, 이것을 하루량으로 하여 식전 또는 식후에 먹는다.

② 관절염·요통·신경통 - 뿌리 5g을 ①과 같이 달여서 먹는다. 오수유(귤과의 소교목 오수유의 열매에서 만든 약)를 5g 가하여 같이 다리면 한층 효과가 있다.

③ 외음부의 염증 - 전초 약 200g을 3.6ℓ의 물에 넣어 2/3량으로 달여 그 즙으로 환부를 씻는다. 하루 여러 번 염증이 없어질 때까지 계속한다.

④ 가시의 상처·뱀 물린데 - 전초 날 것을 질척하게 삶아 환부에 붙인다.

 우슬의 유래

한방에서 이것을 우슬이라고 하는 것은 이 줄기의 마디가 빨갛게 부풀어 올라 마치 소의 무릎같이 보이기 때문이다.

우슬(牛膝), 혈액순환 촉진… 관절염에 효과

'대한이 소한 집에 왔다 얼어 죽는다.'는 속담이 있다. 이는 소한 무렵이 가장 추운 우리나라 기후를 빗댄 말이다.

그래서 그런지 소한을 거친 고령자들 가운데 요즘 '무릎이 시리다.', '무릎에 찬바람이 든다.'는 말로 고통을 호소하는 경우가 많다.

한의학에서는 이때 '우슬'이라는 약재를 즐겨 활용하는데, 여기에는 인술을 으뜸으로 생각했던 한 의사의 이야기가 전해져 온다. 중국 안미성에 뼈와 근육이 약해 걸음걸이가 시원치 않고 통증이 있는 사람이나 간장병, 신장병에 걸린 환자를 치료하기로 유명한 의원이 살았다. 그러나 치료방법은 비밀에 붙여져 누구도 알지 못했다. 의원이 나이가 들자 비법을 전수할 제자를 찾아 나섰다. 각 제자들의 집을 돌아다니면서 제자들의 면면을 살펴보기 시작한 것. 스승이 방문하자 처음에는 입안의 혀처럼 굴던 제자들은 스승이 돈도 없고 늙어서 짐이 될 것이라는 것을 깨닫고는 박대하기 시작했다. 제자들의 거친 성품에 실망하고 있던 찰나 나이 어린 제자가 와서 끝까지 스승을 지극 정성으로 섬겼다. 이에 감동받은 스승은 봇짐 속에 숨겨두었던 약초를 꺼내준 후 목숨을 거두었다. 제자는 스승이 남겨준 약초가 '소의 무릎'과 비슷하게 생긴 데 착안, '우슬(牛膝)'이라고 이름짓고 약을 지을 때마다 '의술은 인술'이라던 스승의 뜻을 되새겼다고 한다.

추운 날씨에 관절이 쑤시고 결릴 때 우슬을 이용해 차를 끓여 마시면 좋다. 우슬차는 물 3컵에 8g 정도의 우슬 뿌리를 넣고 물이 절반쯤 줄어들 때까지 달여서 하루 3회씩 마신다. 골다공증이나 퇴행성관절염이 심할 경우에는 뼈와 칼슘을 보충해 근육을 튼튼하게 하는 도가니를 이용해 '우슬도가니탕'을 만들어 먹어도 좋다. 도가니 ½개와 힘줄 300g, 우슬 15~30g을 함께 넣고 푹 고고 우슬과 기름기를 건져낸다. 먹을 때 기호에 따라 마늘, 파 등을 함께 먹는다.

[국민일보] 2000-05-11

원추리

백합과
높이 : 50~80cm
꽃피는 시기 : 7~8월(여름)

특징

① 들을 태운 뒤 검은 자리가 남는 이른 봄. '인(人)'자를 거꾸로 한 것같은 모습으로 순을 내는 다년초다.

② 잎은 연한 녹색으로 가늘고 길며 뿌리 밑에서 많이 나와 50~70cm까지 자란다.

③ 여름에 긴 꽃줄기 끝에 오렌지색을 한 10개 전후의 백합을 닮은 꽃이 핀다. 이 꽃은 하루 한 개씩 피고 아침에 피면 저녁에 시드는 하루꽃이다. 열매는 보통 달리지 않는다.

④ 뿌리는 황적색이고 많이 나와 일부가 굵어진다.

＊ 평지에서 구릉지의 초원, 강가의 모래밭, 제방 등의 햇볕이 잘 드는 곳에서 자생한다.

맛있게 먹는 법

먹는 부분 : 어린 잎 · 꽃

잎이 흐트러지지 않게 뿌리 근처의 흰 곳부터 칼로 잘라 낸다. 이 흰 곳은 점액이 있어 특히 맛있는 부분이다.

① 초된장 무침 - 뿌리에 붙은 흙을 씻어내고 소금을 한 줌 넣은 끓는 물에 살짝 데쳐 찬 물로 식힌 후 적당한 크기로 썰어 된장 · 초 · 미림으로 무친다.

② 겨자 무침 - ①과 같이 데쳐서 적당한 크기로 썰은 것을 겨자와 간장으로 무친다.

③ 나물 - 데쳐서 적당한 크기로 썰어 갖추어 간장을 쳐서 먹는다.

④ 기름 지짐 - 약간 굳은 듯한 정도로 데쳐 적당한 크기로 썰어 기름으로 지진다. 소금으로 맛을 내고 간장을 약간 넣어 조미하는 것이 맛있다.

⑤ 꽃의 양념장 무침 - 개화하고 있는 낮에 약간 피기 시작한 것을 뜯어낸다. 꽃잎만을 모아 살짝 데쳐서 물기를 짜고 초 · 소금 · 꿀로 무친다.

약으로서의 사용법

사용하는 부분 : 잎줄기 · 꽃 · 뿌리

잎줄기는 3~5월경, 꽃은 7~8월경, 뿌리는 9~10월경에 채취하여 햇볕에 건조시켜 보관한다.

① 이뇨 - 전신에 열이 있어서 소변이 잘 나오지 않을 때나, 소변이 빨갛고 잘 나오지 않을 때, 무기가 있을 때 등에 쓴다. 잎줄기 20~40g을 2.5컵의 물에 넣어 약한 불로 약 반이 될 때까지 달여 이것을 하루량으로 하여 식전 또는 식후에 나누어 먹는다. 뿌리 15g을 같은 방법으로 달여 먹어도 효과가 있다.

② 술 중독 - 주독을 없애는 효과가 있어 뿌리 15g을 ①과 같이 달여먹든가 꽃 · 잎줄기를 계속 먹는다.

③ 강장 - 몸을 가볍게 하고 눈을 보호하는 작용이 있다. 잎줄기나 뿌리를 잎대신 달여 먹든가, 꽃 · 잎줄기는 식용으로 한다.

봉오리는 살짝 데쳐 건조시켜 보관하고 끓는 음식에 쓰면 좋다. 사용 시에는 일단 물이나 더운물에 담가 둔다. 같은 종류에 왕원추리, 각시원추리, 애기원추리가 있는데 같이 하여 먹을 수가 있다.

원추리와 왕원추리

원추리 종류에 왕원추리가 있다. 먹는 법·약효가 다 같으나 왕원추리는 a. 수술이 꽃잎화하여 여러 겹이 된다. b. 꽃색이 약간 진하다. c. 꽃피는 시기가 조금 빠르다. 등이 다르다.

※ 우리나라에도 키가 작아 춘란으로 오인받아 남획되고 있는 애기원추리, 꽃이 하루만에 피었다 지는 각시원추리, 잎에 골이 선명한 골잎원추리, 다도해에 피는 홍도원추리, 노란 꽃잎에 붉은색이 섞인 왕원추리 등 좋은 품종이 자생하고 있다.
원추리를 보고 나면 얼핏 주위에는 녹음이 짙어 이렇다할 꽃이 보이지 않는다.

으름덩굴

으름덩굴과
높이 : 4~5m
꽃 피는 시기 : 4~5월(봄)

특징

① 낙엽의 덩굴성 관목으로 다른 나무에 휘감기어 자라고 길이는 4~5m
나 된다.

② 잎은 타원형의 작은 잎 5매로 이루어져 있다. 작은 잎 3매의 것도 있
는데 이것을 분류학상 세 잎 으름덩굴이라고 한다.

③ 봄에 새눈이 나옴과 동시에 암자색의 꽃이 송이 모양으로 핀다.

④ 가을에는 자색으로 익은 과실이 터져 속에서 검은 종자가 들은 바나나
같은 흰 과육이 나온다. 먹으면 매우 달다.

∗ 어느 산지에나 보인다. 5엽의 으름덩굴과 3엽의 으름덩굴 중에서 3엽
의 으름덩굴이 고지대에 자생하는 것 같다.

∗ 5엽이나 3엽의 것이나 다 약효에는 변함이 없다. 한방약의 목통산(木通
散)은 임산부의 부종에 사용된다.

맛있게 먹는 법

먹는 부분 : 덩굴 끝, 어린 잎, 과실

5엽이나 3엽이나 다 먹을 수 있는데 덩굴이 굵은 3엽 것이 맛있고 열매
도 크고 달다.

① 깨 무침 – 연한 덩굴 끝과 어린 잎을 따서 끓는 물에 삶은 뒤 찬물에 헹구
    어 떫은 맛을 빼고 수분을 없앤다. 깨 · 간장 · 미림이나 꿀로 잘 무친다.

② 마요네즈 무침 – 삶아서 떫은 맛을 뺀 것을 마요네즈로 무친다. 겨자를
    조금 넣으면 좋다.

③ 기름된장 지짐 – 삶아서 떫은 맛을 뺀 것을 기름으로 지져 미림에 푼
    된장으로 맛을 낸다. 된장은 싱거운 것이 좋다.

④ 과실의 생식 – 충분히 익어 입을 벌린 것을 먹는다. 바나나같이 달고
    맛이 있다.

⑤ 과실 껍질의 기름된장 지짐 – 속을 먹은 열매의 껍질을 쓴다. 끓는 물
    에 삶아 하룻밤 찬물에 넣어둔다. 물을 빼고 난 뒤 잘게 썰어 기름으로
    볶아 된장과 미림으로 맛을 낸다. 튀김도 맛있다.

약으로서의 사용법

사용하는 부분 : 덩굴

한방에서는 굵은 덩굴을 '목통(木通)'이라고 하여 이용한다. 늦가을의 11월
경에 가능한 한 굵은 것을 채취하여 얇고 둥글게 썰어 햇볕에 건조시킨다.

① 현기증 · 이뇨 · 부종 – 20g을 2.5컵의 물에 넣어 약한 불로 약 반이 될
    때까지 달여 이것을 하루량으로 하여 식전 또는 식후에 나누어 먹는다.

② 임질 – 목통 약 20g을 달여 먹든가, 검게 쪄서 구운 것을 분말로 하여
    식후에 먹는다.

 추운 북쪽지방에서는 덩굴끝을 나무순이라고 하여 이용하고 눈이 많이 오는 계절
에 보존식으로써 소금에 절여 저장한다.

으름덩굴의 덩굴 세공(細工)

으름덩굴의 덩굴은 세공하기 쉽고 튼튼하다. 희게 표백한 덩굴로 각종 민예품(바
구니 · 주전자받침 등)을 만들 수 있다.

항암약초, 매일 복용해 저항력 높여야

"콩에 들어있는 '이소플라본'이 유방암과 골다공증, 전립선암 등 호르몬과 관계있는 질병 발생을 효과적으로 억제한다.", "강원도 정선지역 특산물인 생열귀나무가 항암 및 노화방지에 탁월한 효능을 지니고 있는 것으로 밝혀졌다.", "마늘을 자르거나 찧어서 10분 정도 두었다가 요리해 먹으면 암예방에 좋다."

서울 동인당한방병원 김관호 원장에 따르면 현재 국내에서 한방요법으로 쓸 수 있는 토종 항암 약초들은 느릅나무 뿌리의 껍질(유근피)을 비롯 겨우살이, 야생 대나무(산죽), 천문동, 꾸지뽕나무, 석창포, 으름덩굴, 오갈피나무, 부처손, 화살나무, 광나무, 바위솔(와송), 마름열매, 일엽초, 백화사설초, 까마중, 짚신나물, 어성초, 삼백초, 장생도라지 등 40여종. 그러나 허황된 입소문 믿고 과학적으로 검증되지 않은 속설을 무조건 쫓는 것은 금물. 민간요법을 시험해보더라도 반드시 전문가와 상의, 피해를 최소화하고 효과를 극대화할 수 있는 최선의 방법을 찾는다.

[국민일보] 2000-05-11

항암약차 만들기

● 재료

느릅나무 뿌리 껍질 100g, 겨우살이 80g, 부처손 또는 바위손, 천마, 꾸지뽕나무, 산죽 잎, 으름덩굴, 복령, 짚신나물, 백화사설초, 가시오갈피나무, 화살나무, 삼백초 각 50g, 생강 10쪽, 감초 10~15쪽, 대추 10개. (천문동, 어성초, 석창포, 마름열매, 일엽초, 까마중같은 약재를 추가해도 된다.)

● 만드는 법

① 약차 1봉을 스테인레스나 옹기로 된 솥에 넣는다.

② 물을 20ℓ (10되)쯤 붓고 센불에 끓인다.

③ 물이 끓기 시작하면 불을 낮추고 물의 양이 반으로 줄 때까지 5시간 이상 더 달인 다음 적당히 식힌다.

④ 달인 물을 짜지 말고 체나 소쿠리에 걸러서 냉장고에 보관하고, 한번 달인 물이 3일 이상 경과하면 다시 끓여서 보관하기를 반복하며 복용한다.

익모초

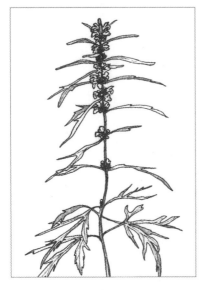

꿀풀과
높이 : 50cm~1.5m
꽃 피는 시기 : 7~9월(여름)

특징

① 풀 전체에 흰털이 있고 줄기는 사각형으로 곧게 뻗으며, 드문드문 가지가 달린 2년초다.

② 잎은 마주보고 나는 대생이며, 쑥을 닮았으나 잎 수가 적고 더 가늘고 깊은 톱니형으로 되어 있다. 이 톱니형은 상부의 잎일수록 적고, 크기도 작아진다.

③ 여름에 입술형의 직경 1cm 정도의 엷은 홍자색 꽃이 줄기 상부의 잎 밑에 둥글게 몇 개 핀다.

＊ 햇볕이 잘 드는 초지나 길가 산지 등에서 자생한다.

맛있게 먹는 법

먹는 부분 : 어린 잎

뿌리 밑에서 잎이 돋았을 때의 쑥과 아주 닮았으나 줄기가 사각인 것과 쑥과 같은 향이 없는 것으로 구별할 수 있다.

① 튀김 – 씻어서 물기를 빼고 3~4매를 같이 하고, 잎 밑쪽은 반죽을 충분히 묻혀 먼저 기름 속에 넣어, 전체가 흩어지지 않게 한다. 온도는 약간 높은 것이 좋다.

② 기름 지짐 – 소금을 한 줌 넣은 끓는 물에 잘 삶아서 찬물에 헹구어 떫은 맛을 낸다. 이것을 적당한 크기로 썰어 기름으로 지져 된장으로 맛을 낸다.

③ 조림 – 삶아서 떫은 맛을 뺀 것을 잘게 썰어 살짝 기름으로 볶고 다시마 국물 간장으로 물기가 없어질 때까지 조린다. 생강을 잘게 썰어 넣으면 좋다.

약으로서의 사용법

사용하는 부분 : 전초(줄기·잎·꽃), 열매

전초는 꽃이 피는 7~9월경, 열매는 10~11월경에 채취하여 햇빛에 잘 건조시킨다. 이것은 보혈약으로서 부인들의 산후 지혈, 악조(惡阻), 생리불순, 어지러움, 종통 그리고 류마티스, 신경통 기타 치료에 이용되고 또 종자에는 이뇨작용이 있어 수종, 부종, 눈병 등에도 효과가 있다고 한다.

① 산후의 지혈·악조·생리불순·보정 – 전초 약 15g을 3컵의 물에 넣어 약한 불로 약 반이 줄 때까지 달여 이것을 하루량으로 하고 3~4회 공복 시에 먹는다. 자궁출혈이나 월경이 오래 멎지 않을 때 등 부인병의 여러 증상에 듣는다.

② 부종·시력 회복 – 열매 5~10g을 2.5컵의 물에 넣어 약한 불로 약 반으로 줄 때까지 달인다. 이것을 하루량으로 하여 식전 또는 식후에 세 번 먹는다.

 익모초의 어린이 놀이

어린이들이 이 어린 줄기를 짧게 잘라 눈꺼풀에 붙여 눈을 확 뜨며 놀고 또 질경이나 꿀풀을 개미에게 물리기도 하고 나뭇잎으로 만든 배의 장난 등 어린이들의 소박한 장난도 콘크리트 정글과 배기가스 속에서 노는 현대 어린이들에게는 옛이야기에 지나지 않게 되었다. 이 풀은 또 약효가 특히 여성에게 적합하고 눈을 밝게 하고 정(精)을 돕기 때문에 익모초(益母草)라 한다. 선인의 지혜를 무시하고 고칼로리, 고단백의 미식을 즐기는 부인들에게는 특히 필요하게 된 유용한 풀이다.

익모초

시골에서 자란 사람이라면 익모초(益母草)를 기억할 것이다. 여름이면 집 주변이나 길가에 입술모양의 연한 홍자색 꽃이 만개해 있던 익모초는 병원, 약국 등의 출입이 쉽지 않던 그 시절 서민들의 약재로 애용됐다. 익모초는 여성이 복용하면 태기가 생긴다는 말에서 유래됐다. 익모초는 실제로 열을 식히는 성질이 강하다.

따라서 자궁에 피가 정체될 때 생기는 후터분한 열을 풀어 혈액순환을 원활하게 해 준다. 이는 익모초에 있는 '레오누린'이란 성분 때문이다. 생리가 고르지 않거나 월경 시 몸이 붓고 복통이 심할 때 사용해도 효과가 있다. 익모초는 지금도 한방에서 산후에 어혈이 풀리지 않거나 자궁출혈, 대하 등 대부분의 부인과 질환에 널리 처방할 정도로 여성과 궁합이 잘 맞는 식품이다. 특히 익모초는 생즙으로 마시면 더위로 인한 질병을 치료하거나 예방하는 데 효과적이다. 일사량이 많아 갑자기 토하고 열이 나는 증상이 있을 때 익모초 생즙을 먹으면 증세가 금방 가라앉는다. 그러나 익모초는 맛이 무척 써서 웬만한 인내심을 갖지 않으면 꾸준히 복용하기가 힘들다. 또 평소 얼굴이 핼쑥하고 혈색이 창백한 사람에게는 익모초가 오히려 해로울 수 있다. 이는 몸이 찬 사람에게는 잘 맞지 않는 익모초의 속성 때문이다. 일반적으로 익모초는 몸에 살이 많은 사람에게 잘 맞는다.

보통 익모초는 초여름에 채취한 것을 으뜸으로 친다. 이 시기에 채취한 익모초를 말려두거나 끓여서 익모초 조청을 만들어 꾸준히 복용하면 좋다고 한다. 익모초 조청은 말 그대로 물엿처럼 끈적이는 물질을 말한다. 익모초 조청을 만드는 방법은 간단하다. 익모초 600~1200g을 물과 함께 넣고 푹 우러날 때까지 팔팔 끓인 다음 익모초를 건져내고 우려낸 물을 계속 끓이면 그 물이 졸아서 조청이 된다. 이것을 하루 3번씩 공복에 복용하면 된다. 익모초를 알약, 즉 환으로 만들어 먹을 때에는 익모초 조청에 익모초 가루를 넣어 반죽하거나 꿀을 가미해 동글동글하게 알약으로 만들면 된다.

[문화일보] 2001-04-24

이질풀

쥐손이풀과
높이 : 30~60cm
꽃 피는 시기 : 7~10월(여름~가을)

특징

① 야산에 널리 보이는 다년초다.

② 잎은 손바닥형으로 펴지고, 잘록한 자리가 있으며 긴 줄기가 대생하고 있다.

③ 전초에 아래를 향한 털이 밀생하고 줄기는 땅 속으로 30~60cm 혹은 그 이상이 된다.

④ 여름에서 가을에 줄기의 선단에 백색 또는 자홍색의 1~1.5cm의 꽃이 두 개씩 핀다.

✳ 낮은 산이나 들 등 햇빛이 잘 드는 곳에 서식한다.

맛있게 먹는 법

먹는 부분 : 어린 잎

잎모양이 어릴 때의 바곳(맹독식물)과 많이 닮아 있기 때문에 특징을 잘 알고 채취해야 한다(메모 참조).

① 튀김 – 연하고 될수록 큰 잎을 모아 씻고 물기를 뺀다. 양면에 반죽을 하여 약간 낮은 정도의 온도로 천천히 튀긴다.
② 깨 무침 – 될 수 있는 대로 어린 잎을 쓰는 것이 좋다. 소금을 한 줌 넣은 끓는 물에 잘 삶아 물에 헹구어 떫은 맛을 제거하고 짜서 깨 · 간장 · 미림이나 꿀로 무친다.
③ 조림 – 삶아서 떫은 맛을 뺀 것을 잘게 썰어 살짝 기름으로 지져 다시 간장으로 국물기가 없어질 때까지 볶는다. 가다랭이포, 뱅어포 등과 같이 조리면 더욱 맛있다.

약으로서의 사용법

사용하는 부분 : 전초(잎 · 줄기)

아무리 심한 설사라도 이것을 먹으면 즉시 멎는다 – 이것이 이질풀이다. 6~9월의 가장 생명력이 왕성할 때에 채취하여 햇볕에 건조시킨다. 옛날부터 토왕(土旺)의 축일(丑日)에 채취하는 것이 가장 좋다고 한다.
① 설사 – 20~30g을 2.5컵의 물에 넣고 약한 불로 약 반이 될 때까지 달여, 이것을 하루량으로 하여 뜨거울 때 마시면 효과가 있다. 그래도 멎지 않을 때는 풀의 양을 10~20g을 더하여 달여서 하루 4~5번 마신다.
② 변비 – 20~30g을 ①과 같이 달여 이것을 일단 식혀서 하루 3회, 식전 또는 식후에 마신다. 잘못하여 뜨거운 것을 먹으면 전연 효과가 없으므로 주의를 요한다.
③ 식중독 · 임질 – 먼저 피마자유로 관장을 하여 내린다. 20~30g을 ①과 같이 달여 이것을 하루량으로 하여 뜨거울 때 먹는다. 임질이 경감될 때까지 수회 계속 먹는다.

 메모 맹독 바곳과의 구별법

이질풀은 어릴 때의 바곳을 닮았다. 잘못하면 생명이 위험하므로 주의해야 한다. 다음은 바곳의 특징이다.
a. 줄기는 이질풀보다 굵고 직립한다. b. 잎 · 줄기는 매끈하고 털이 없다.
c. 잎은 이질풀보다 크고, 꽃은 아름다운 옛날 무사의 모자형인 자색으로 10~11월경에 개화한다. 또 외대바람꽃 · 쌍동이 바람꽃(毒狀)도 이질풀과 비슷하나 이것은 5월경 개화하고 6월에 시드나, 이질풀은 가을철까지 잎이 남는다.

자운영

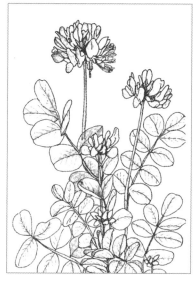

콩과
높이 : 15~25cm
꽃 피는 시기 : 4~5월(봄)

특징

① 논에 녹비(綠肥)로서 재배되는 1~2년초다.

② 줄기는 가늘고 부드러운 가지로 나뉘어 지면에 뻗는다.

③ 잎은 길이 2~5cm의 줄기가 있고 털이 없으며 콩과 특유의 잎이 붙어
   있다(날개 모양의 쌍엽).

④ 봄에 길이 10~20cm의 줄기를 뻗쳐 선단에 1cm 정도의 홍자색의 나
   비형 꽃이 둥글게 핀다.

＊ 재배된 것 외에는 논두렁, 길가 등에 야생한다.

맛있게 먹는 법

먹는 부분 : 덩굴 끝 · 어린 잎 · 꽃

꽃이 피기 조금 전 밭에서 새싹이 솟아오를 때의 것이 맛있다.

독성이 없는 풀로 조리도 간단하기 때문에 여러 가지 요리 방법을 연구하
면 좋다.

① 튀김 – 덩굴 끝 10cm 정도를 잘라 씻어 물기를 없애고 묽게 탄 반죽에 묻혀 튀긴다. 꽃도 같은 방법으로 튀긴다.

② 나물 – 덩굴 끝 3cm 정도를 잘라서 소금을 한 줌 넣은 끓는 물에 살짝 데쳐, 물에 헹구어 식혀 짜서 간장을 쳐 먹는다.

③ 흰 무침 – 데친 것은 잘게 썰어 행주로 물기를 짜서 두부 · 흰깨 · 소금 · 간장 · 미림을 혼합한 것으로 무친다. 꽃도 꽃받침을 뜯어 같이 섞으면 보기 좋다.

④ 깨 무침 – 데쳐 잘게 썰은 것을 깨 · 간장 · 미림이나 꿀로 무친다.

⑤ 겨자 무침 – 데쳐 잘게 썰은 것을 겨자와 된장으로 무친다.

⑥ 국 건데기 – 덩굴 끝 · 어린 잎 · 꽃을 된장국이나 맨장국에 띄운다.

약으로서의 사용법

사용하는 부분 : 잎 · 줄기

번식한 3~5월경에 뜯어 햇볕에 건조시킨다.

① 치질 – 모든 치질에 유효하다. 자운영의 전초와 덧나무(접골목)의 눈을 적당량 채취하여 같이 찜구이한다. 그것을 양질의 참기름과 질척하게 개어 환부에 붙인다. 찜구이 방법은 질주전자의 입을 점토로 막아 찌는 것이 좋으나, 알루미늄박으로 대용해도 좋다.

어릴 때 밭 전체에 널려 있는 자운영 꽃의 융단 위에서 악동들과 씨름하면서 놀기도 하고 또한 여자 아이면 이것으로 꽃반지나 머리 치장꽃을 만드는데 열중했던 먼 옛날의 추억은 잊기 어렵다.

전에는 이 풀 뿌리의 근립균(根粒菌)의 실소단정작용(室素團定作用)을 이용하여 녹비로써 많이 재배하였는데 지금은 화학비료의 보급으로 그다지 보이지 않게 되었다. 경지는 경화되고 유용한 토양미생물은 모습을 감추어 사람의 마음에서도 자연히 물러가는 것은 슬픈 일이다.

잔대

초롱꽃과
높이 : 60cm~1.2m
꽃 피는 시기 : 7~9월(여름~초가을)

특징

① 줄기는 둥글고 직립하며 풀 전체에 세모(細毛)가 있다. 자르면 흰 유액
　이 나오는 다년초다.
② 잎은 가늘고 긴 타원형이며 끝이 뾰죽하다. 가장자리가 껄쭉껄쭉하고
　4~5개가 둥근형이 되어 줄기에 붙어있다.
③ 여름에 줄기 끝에서 청자색의 매달린 종같이 생긴 꽃이 4~5개 밑으로
　향해 핀다.
④ 뿌리는 희고 굵으며, 땅 속에 뻗어 있다.
＊ 햇볕이 잘 드는 초원이나 야산 등에 자란다.

맛있게 먹는 법

먹는 부분 : 어린 잎 · 꽃 · 뿌리
삽주와 더불어 맛있는 야생초의 하나로 되어 있다. 잎은 생장함에 따라
형이 변화하기 때문에 특징을 잘 알고 채취해야 한다.

① 튀김 - 어린 잎을 씻어 물기를 없애고 반죽을 하여 약한 불로 천천히 튀긴다.

② 나물 - 가능한 한 어린 잎을 골라 소금을 한 줌 넣은 뜨거운 물로 잘 삶아 적당한 크기로 썰어 간장을 쳐서 먹는다.

③ 땅콩 무침 - 땅콩을 잘게 하여 간장과 꿀을 혼합하여 삶은 어린 잎을 무친다.

④ 국 건데기 - 어린 잎을 씻어서 적당한 크기로 썰어 된장국에 넣는다.

약으로서의 사용법

사용하는 부분 : 11월경에 파내고 물로 씻어서 햇볕에 건조시킨다. 이것을 '보삼(涉蔘)'이라 하여 도라지 뿌리의 대용으로 쓴다.

① 기침 · 담 · 기관지염 - 5~8g을 하루량으로 하여 2컵의 물에 넣어 약한 불로 약 반이 될 때까지 달인다. 이것을 2~3회 나누어 식전에 먹는다.

② 강장 - 우리나라에서는 이 뿌리를 도라지 뿌리와 같이 정력에 좋다 하여 김치도 한다.

 꽃은 생으로 샐러리에 곁들여 내든가, 살짝 데쳐서 국물의 건데기로 할 수 있다. 뿌리는 잘 씻어 튀김이나 볶음에 쓴다

변화가 많은 잔대

파랗게 무성한 참억새의 사이에 어느새 선들바람이 지나면 벌써 가을이다. 예쁜 청자색의 초롱꽃이 일제히 울리면 고원에 여름의 끝을 고한다.

잔대(초롱꽃)는 변화가 많은 식물로 잎은 대개의 경우 4~5개로 둥글게 붙지만 마주 보든가 엇갈리든가 하고 또 모양도 나무에 따라 장타원형, 난형, 선상피침형 등 각양각색으로 변신술을 익히고 있다. 꽃은 초롱형, 뿌리는 굵고 인삼을 닮았다. 이와 비슷한 식물에 향쑥이 있는데 향쑥은 전초가 무색이다. 꽃필 때는 뱀 꼬리와 같이 이삭 모양의 청자색 꽃이 밀생하고 꺾어도 유액은 나오지 않는다.

소매물도 등대섬

 머나먼 남녘 바다의 외딴섬에서는 까닭 모를 그리움이 파도처럼 밀려온다. 필자가 '그리움을 부르는 섬'을 생각할 때마다 가장 먼저 뇌리를 스치는 것은 통영 앞 바다의 소매물도다. 그 곳에는 누구나 머리 속에 한번쯤 그려봤을 섬의 전형적인 풍광이 한자리에 다 모여 있다.

눈이 시리도록 푸른 바다, 쪽빛바다에 우뚝 솟은 기암절벽, 까마득한 벼랑에 뿌리내린 몇 그루의 노송, 비단처럼 부드럽게 섬을 휘감은 해무(海霧), 섬 꼭대기에 우두커니 서 있는 하얀 등대 하나….

이처럼 다채로운 소매물도의 풍광 가운데 압권은 섬 정상인 '망태봉'에서 내려다보는 등대섬의 전경이다. 등대섬은 면적이 약 2000평에 지나지 않는 손바닥만한 섬으로 길이 50여m의 몽돌해변을 사이에 두고 소매물도와 이웃해 있다.

몽돌해변이 물 밖으로 드러나는 썰물 때에는 소매물도와 등대섬 사이를 걸어서 오갈 수도 있다. 등대섬은 등대 옆의 벼랑 위에만 몇 그루의 해송이 자랄 뿐이고, 서북쪽으로 완만하게 흘러내린 비탈은 온통 풀밭이다. 늘 바닷바람이 거센 데다가 태풍이나 폭풍이 부는 날이면 집채만한 파도가 온 섬을 삼킬 듯한 기세로 밀려오기 때문에 키 큰 나무가 온전히 자랄 수가 없다. 그 대신 모진 바람에 잘 견디기 위해 스스로 키를 낮춘 풀꽃들이 지천이다.

등대섬에서 가장 흔한 들국화는 구절초다. 대체로 육지의 깊은 골짜기나 산비탈에서 쉽게 볼 수 있는 꽃인데, 뜻밖에도 이 머나먼 외딴섬의 풀밭을 가득 이루며 꽃을 피우는 광경은 아주 보기 어렵다.

구절초 이외에도 해국, 갯쑥부쟁이, 털머위 등 국화과에 속하는 꽃들이 지천으로 깔려 있고, 꿀풀과에 속하는 꽃향유의 보랏빛 꽃도 어디서나 쉽게 눈에 띈다. 들국화가 피기 직전인 9월경에는 일제히 핀 맥문동 꽃들이 이 작은 섬을 온통 자홍빛으로 물들인다.

[세계일보] 2003-10-16

적하수오

마디풀과
높이 : 2~5m
꽃 피는 시기 : 9~10월(가을)

특징

① 덩굴성으로 잎은 삼백초를 닮았으며 각지에 야생된 다년초다.

② 잎 · 줄기 다 털이 없으며 덩굴 형태로 되어 길게 자라고 좌우 어느 쪽
으로나 감긴다.

③ 뿌리는 흙 속을 뻗어 작은 고구마 모양으로 되어 있다.

④ 잎은 잎줄기가 있으며, 줄기에 마주보고 나와 있는 대생이다. 연하고
하트형이며, 끝은 뾰족하다.

⑤ 가을에 가지 끝이나 잎이 붙은 가지 밑에 꽃이삭이 나와 희고 작은 꽃
이 많이 핀다.

＊ 햇볕이 좋은 구릉지나 선로가 등에서 자란다.

맛있게 먹는 법

먹는 부분 : 어린 잎 · 덩굴 끝

삼백초 특유의 향은 조금도 없고 이름을 배워도 이내 잊을 것 같다. 야생

화된 것이 숲을 이루어 번식해 있는 것을 흔히 볼 수 있다.

① 초된장 무침 – 덩굴 끝과 어린 잎을 소금 한 줌 넣은 끓는 물에 삶아 물기를 뺀다. 색이 갈색같이 되는 것이 결점이다. 적당한 크기로 썰어 된장, 초, 미림으로 무친다.

② 겨자 무침 – ①과 같이 삶아 적당한 크기로 썰은 것을 겨자와 간장으로 잘 무친다.

③ 튀김 – 어린 잎을 뜯어 씻어서 물기를 잘 빼고 양면에 반죽을 묻혀 튀긴다. 꽤 커진 것도 먹을 수 있다.

④ 국 건데기 – 연한 덩굴 끝만 살짝 데쳐 맨장국 · 된장국의 건데기로 한다.

약으로서의 사용법

사용하는 부분 : 괴근

10월경 작은 고구마 모양으로 비대해진 괴근을 파내 흙모래가 붙은 대로 햇볕에 말리든가 큰 것은 둘로 나누어 건조시킨 후 흙모래를 물로 씻어내고 나서 잘 건조시킨다.

① 불로장수 · 강장 – 말린 것 10~20g을 하루량으로, 3컵의 물에 넣어 약한 불로 약 반이 줄 때까지 달여 따뜻할 때 3번 식전 또는 식후에 먹는다.

② 노인 · 어린이의 변비 · 정장 – 어른이면 말린 것 약 10g을 2.5컵의 물에 넣어 약한 불로 약 반으로 달여 하루 2~3회 먹는다. 그래도 변통이 없는 경우는 20g으로 늘려 사용한다. 어린이는 어른의 1/3량을 먹게 한다.

 메모 **백발이 검어진 何公**

일본의 전설에 의하면 적하수오는 1720년에 중국에서 장기(長崎)에 건너온 것인데, 매우 번식력이 강해 얼마안가 일본 전국에 퍼졌다. 한방에서 '何首烏'라고 하는데 그것은 옛날 何公이라는 중국 노인이 이것을 먹은 즉 백발이 흑발이 되었다는 유래에서 '何首烏'라는 이름이 붙었다고 한다.

또 일설에는 당의 하수오라는 사람이 성불능으로 58세 때까지 자식을 갖지 못했는데 어느날 밤 술에 취해 산에서 자게 되었는데 밤중에 깨어나 가까이에 보이는 2그루의 덩굴풀이 엉켰다가는 헤어지고 헤어졌다가는 엉키는 것을 보고 이상히 여겨 그 뿌리를 파내어 가지고 왔는데 그것이 효력이 아주 좋은 식물이라는 것을 알고 복용한 결과 하씨는 5형제를 얻고 까만 머리로 130세까지 살았다고 한다.

하수오(何首烏), 노화방지 대표약재

고려시대의 시인 우탁은 '춘산에 눈 녹인 바람'이란 시조를 통해 "귀밑에 여러 해 묵은 서리를 녹여볼까 한다."고 말했다. 서리처럼 내려앉은 백발을 다시 검은머리로 되돌리고 픈 열망이 절절히 묻어나는 문구다.

그러나 옛날에는 요즘처럼 염색약이 없었던지라, 머리를 검게 하는 비방을 찾아 나선 예가 많다. 하수오에 얽힌 설화 역시 백발과 관련이 있다. 춘추 전국시대 사람 하공(何公)은 눈처럼 하얀 자신의 백발이 항상 불만이었다. 어느 날 산길을 지나다 힘차게 나무 위로 뻗어오른 넝쿨가지를 발견하고 호기심에 그 뿌리를 캐어 먹어보았다. 이름모를 뿌리의 맛과 향에 매료돼 장복하게 된 그는 새하얀 자신의 머리칼이 점점 검어지고 있음을 발견하 게 됐다. 결국 넝쿨뿌리의 효과를 톡톡히 본 하공은 자신의 머리가 까마귀 처럼 새카맣게 됐다라는 뜻에서 '하수오(何首烏)'란 이름을 붙였다.

하수오는 크게 색이 붉은 것과 하얀 것이 있다. 일반적으로 하수오로 명명 되는 것은 '적하수오 (赤何首烏)'다. 예로부터 간장과 신장의 기능이 쇠했 을 때 치료제로 두루 쓰였다. 특히 한의학에서는 노화의 원인을 신장과 간 장의 건강과 결부짓는 경향이 크다 보니 젊음을 유지시키는 노화방지 약 재의 대표격으로 쓰였다. 따라서 하수오는 새치가 갑자기 증가하거나, 허 리와 무릎에 힘이 빠지고 기운이 쇠하고, 근육이 쑤시는 등 노화의 징후를 다스리는 치료제에 빠짐없이 첨가된다.

조상들의 백발방지 비법은 하수오차. 물 300㎎에 하수오 6g을 넣고 달인 후에 꿀을 넣어 하루 1~2회 마시면 흰머리가 검어지고 탈모가 방지된다. 이 때 볶은 호두, 검은깨를 갈아 함께 넣어 마시면 오장이 튼튼해지고 자 양강장 효과를 배가시킬 수 있다.

[국민일보] 2002-12-05

제비꽃

제비꽃과
높이 : 10~20cm
꽃 피는 시기 : 4~5월(봄)

특징

① 제비꽃과에는 많은 종류가 있다. 특히 일본은 제비꽃과의 왕국이라고 불리울 정도로 다양한 제비꽃이 있다. 황색인 것과 자색인 것으로 대별되고 다같이 다년초다.

② 뿌리는 나뉘어 있고 전초는 무모(無毛)이고 잎의 끝이나 잎줄기 등에 약간 털이 나 있다.

③ 뿌리 밑에서 대개 잎이 나오고 잎은 줄기가 길어 길이 2.5~8cm의 가늘고 긴 화살촉같은 모양이다.

④ 봄에 직경 1.5~2cm의 농자색 꽃이 피고, 개화 후 꽃의 줄기가 빨리 자란다.

＊ 돌담 사이, 길가, 햇볕이 드는 산의 경사면 등에 자란다.

맛있게 먹는 법

먹는 부분 : 어린 잎 · 꽃

아직 시든 풀이 보이는 이른 봄에 그 고초(枯草)에 숨은 것 같이 피는 자색의 가련한 꽃을 발견하였을 때, '아, 벌써 봄이로구나!' 하는 느낌이 강해진다. 결코 뿌리부터 채취하지 않고 약간의 봄 향기를 즐기자.

① 튀김 – 줄기가 붙은 대로 반죽은 잎에만 묻혀 튀기는데 기름의 온도는 약간 낮은 정도로 하고 잎의 양쪽에 반죽을 묻힌다.

② 나물 – 잎을 줄기째 따서 소금 한 줌을 넣은 열탕에 삶아 물에 식혀 물기를 짜서 간장을 쳐 먹는다.

③ 겨자 무침 – 삶아서 물기를 짠 것을 적당한 크기로 썰어 겨자와 간장으로 무친다.

④ 꽃의 샐러드 – 다른 야생초와 같이 자색으로서 날것 그대로 섞어 마요네즈와 프렌치 드레싱을 쳐서 먹는다.

⑤ 제비꽃 밥 – 잎을 모아 소금 한 줌을 넣어 끓는 물에 데쳐, 물을 짜서 잘게 썬다. 소금을 약간 두른 밥에 곱게 섞는다. 꽃을 2~3개 밥공기에 담은 제비꽃 밥에 얹으면 아름답게 보인다.

약으로서의 사용법

사용하는 부분 : 전초(잎 · 줄기 · 뿌리)

봄에서 여름에 걸쳐 채취한다. 전초는 날것으로 또는 그늘에서 말려 쓰고 뿌리는 물로 씻어 통풍이 좋은 곳에 펴서 말린다. 제비꽃에는 흔히 말하는 죽은 피를 분산시키고, 염증을 없애는 작용이 있다.

① 부스럼 – 신선한 생약을 부벼 그대로 환부에 붙이면 효과가 있다. 또 잎 · 줄기를 짠 즙을 환부에 발라도 좋다.

② 타박상 – 생엽을 자열염(自熱鹽)으로 부벼 환부에 붙인다.

③ 관절염 – 건조시킨 제비꽃의 전초 100g과 건조시킨 질경이의 전초 100g을 혼합, 4~5ℓ 의 물에 넣어 낮은 불로 1/2~1/3양이 될 때까지 달이고, 그 즙으로 더운 찜질을 한다. 하루 수회 1회에 30분 정도 한다.

④ 불면증 · 변비 – 뿌리 2g을 1컵의 물에 넣고 약한 불로 약 반이 될 때까지 달여서 잠들기 30~40분 전에 먹는다.

야생화를 통한 마음 가꾸기

초록빛을 더하는 비를 맞으며, 흙의 감촉을 맨발로 느끼며 숲길을 거닐어 보라. 산과 들에 흐드러지게 피어 여름의 정열을 농익은 미로 표현하는 야생화를 호흡하라. 깨어있는 한 마음 속에 이는 번뇌를 없애는 길. 우리가 교감할 자세만 돼 있다면 식물은 오감(五感)을 충족시키고 심적 고요를 안겨주는 후덕한 보고(寶庫)다.

● 숲과 꽃밭에서 마음 가꾸기: '자연' 이라는 명화는 우리의 심장 박동수를 정상으로 되돌려 놓고, 자율신경계의 조화를 되찾아 주는 생체자기 제어(biofeedback) 효과를 전해준다. 냄새(후각)와 시각이 어우러지며 신선한 기억을 되찾아 주기도 한다.

● 야생(野生)을 가까이 두기: 전문가들은 광릉수목원(경기 포천), 아침고요수목원(경기 가평), 유명산 · 중미산 · 청태산 · 산음의 휴양림 등을 '마음 산책' 의 장소로 꼽는다. 관악산 · 대모산 · 아차산 · 인왕산 · 청계산 · 홍릉 등 서울 시내에서도 가볼 만한 곳들이 많다.

야생화는 꽃밭 · 분화(盆花) · 꽃꽂이 등 다양한 방법으로 즐거움을 만끽할 수 있다. 경기 양평에서 전원생활을 하는 우리 꽃 연구가 마숙현(50)씨는 "식물을 가꾸는 일은 생명이 갖는 우주적 에너지를 적극적으로 얻고 아름다움을 느끼는 행위이며, 사색 · 명상을 통한 내적 깨달음과도 통한다."고 했다. 그는 "야생화는 개화기간이 짧지만 기르는 재미와 신선한 느낌을 준다."면서 "야생화를 골라 가꾸며 계절의 아름다움을 느끼는 것이 좋다."고 말했다. 야생화는 계절적으로 봄(고란초 · 괭이눈 · 금낭화 · 금창초 · 깽깽이풀 · 할미꽃 · 제비꽃), 여름(금매화 · 기린초 · 꽃창포 · 노루오줌 · 삼백초 · 산수국 · 엉겅퀴), 가을(구절초 · 꽃향유 · 산국 · 쑥부쟁이 · 참억새 · 참취) 꽃으로 나뉜다.

다채로운 제비꽃

봄을 대표하는 가련한 야생초. 제비꽃은 종류가 많고, 꽃색도 다채롭다. 가장 대중적인 것은 하트형의 잎이고, 담자색의 꽃이 피는 낙시제비꽃이다.

쥐참외

박과
높이 : 2~5m
꽃 피는 시기 : 8~9월(여름)

특징

① 풀 전체에 희끄무레하고 거치른 털이 있고, 줄기는 가늘고 긴 덩굴이
   되어 나무에 매달려 있든가 덩굴수염으로 다른데 휘감겨 숲을 이루기
   도 한다. 암수가 각각인 다년초다.
② 잎에는 잎줄기가 있고, 물갈퀴가 붙은 손을 편 것 같은 모양과 크기를
   하고 3~5개의 얕은 톱니형이 있다.
③ 여름에서 가을에 걸쳐 잎이 붙은 밑에서 가장자리에 비단실을 잔뜩 휘
   감은 것 같은 직경 7~8cm의 섬세한 꽃이 핀다. 이 꽃은 저녁때부터
   피어 아침에 시든다.
④ 과실은 길이가 5~7cm의 가늘고 긴 계란형으로 늦가을에 빨갛게 익
   어, 덩굴에 매달려 있는 모습은 먼 곳에서도 눈에 띈다.
⑤ 뿌리는 덩어리가 져 커진다.
＊ 산야나 덤불에 널리 보인다.

맛있게 먹는 법

먹는 부분 : 어린 잎 · 어린 과실

아름다운 빨간 열매는 꽃꽂이에도 흔히 쓰여진다.

① 기름 볶음 – 어린 잎을 뜯어 소금을 한 줌 넣은 끓는 물에 잘 삶아서 찬
   물에 식혀 짜서 적당한 크기로 썬다. 기름으로 볶아 소금 · 후추라든가
   간장으로 맛을 낸다.

② 깨 무침 – ①과 같이 삶은 것을 잘게 썰어 깨 · 간장 · 미림이나 꿀로 잘
   무친다.

③ 겨자 무침 – 같은 방법으로 겨자와 간장으로 무친다.

④ 튀김 – 꽤 성장한 잎까지 먹을 수 있다. 물기를 빼고 뒷면에 반죽을 묻
   혀 튀긴다.

⑤ 과실에 소 바르기 – 과실이 대형이고 황색인 귀참외 편이 맛이 있는 것
   같다. 미숙한 것을 따다 끓는 물에 살짝 데쳐서 다시마 국물과 간장으
   로 담백하게 천천히 조려서, 따로 만든 소(다시마 국물, 간장, 미림, 갈
   분으로 만든다)을 쳐서 먹는다. 카레소이나 케소 등도 꽤 좋다.

약으로서의 사용법

사용하는 부분 : 뿌리 · 과실 · 종자

늦가을에서 겨울에 걸쳐 채취하고, 고구마 모양의 뿌리는 콜크껍질을 벗
겨 세로로 잘라 햇볕에 잘 말린다. 이것을 한방에서는 '토과근(土瓜根)'
이라고 한다. 종자는 '토과인(土瓜仁)'이라고 하여 검게 익은 것을 건조
시키고 과실은 생것으로 쓴다. 뿌리와 종자는 다 이뇨작용이 있어, 기혈
약으로써 황달 · 하혈용으로 처방되어 효과를 낸다.

① 황달 · 야맹증 · 최유 · 산부(産不)의 통경(通經) – 뿌리 10g을 2.5컵의
   물에 넣어 약한 불로 약 반 정도 될 때까지 달여 이것을 하루량으로 하
   여 식전 또는 식후에 세 번 먹는다.

② 동열 · 구열 · 동상 · 피부 거칠음 – 과실을 빻아 술에 개어 환부에 바른다.

③ 종기 · 나력(한방에서 림프샘에 생기는 만성종창을 이르는 말) – 뿌리
   10~15g을 360cc의 물에 넣어 약한 불로 반 정도 될 때까지 달여 그

즙을 환부에 바른다. 하루 여러 번 증상이 멎을 때까지 계속한다.
④ 구토 · 토혈 – 익은 과실을 몇 개 먹는다. 병적인 내장의 열을 내려 기
를 진정시킨다.

 미숙한 과실을 잘 씻어, 소금으로 절이고 줄기와 무거운 돌을 올려 1개월 후에
먹으면 맛있다. 겨된장 절임도 해 볼 만하다. 완숙한 열매에서 얻은 종자를 볶으
면 맥주 등의 안주가 된다.

질경이

질경이과
높이 : 4~20cm
꽃 피는 시기 : 4~9월(봄~여름)

특징

① 어디에서나 흔히 볼 수 있는 다년초로 잎은 넓게 퍼지기 때문에 대엽
   자(大葉子)라고 불리우고 밟혀도 밟혀도 살아나는 강한 풀이다.
② 줄기가 없고 잎은 모두 긴줄기로 밑뿌리에 직접 붙어 있다. 길이
   5~10cm의 타원형 잎은 다섯 개의 굵은 줄이 있고, 튼튼한 섬유가 있
   어서 잡아뜯으면 줄이 실과 같이 빠져 나온다.
③ 잎 사이에서 10~30cm의 꽃줄기가 자라서 끝부분 1/3정도에 봄에서
   가을에 걸쳐 많은 작고 흰꽃이 이삭 모양으로 핀다.
✽ 평지에서 산지까지의 길가나 황무지 어디서나 자생한다.

맛있게 먹는 법

먹는 부분 : 어린 잎
두꺼비의 주식은 이 질경이라고 하는데 사람이 먹어도 참 맛이 있는 것이
다. 봄에서 가을까지 새순이 자꾸 나오기 때문에 장기간 이용이 가능하

다. 떫은 맛도 그렇게 심하지 않다.

① 튀김 – 흙을 깨끗이 씻어내고 물기를 빼어 양쪽에 반죽을 묻혀 약간 높은 온도에서 튀긴다. 조금 굳어진 잎도 쓸 수 있다.

② 기름 지짐 – 소금을 한 줌 넣은 끓는 물로 잘 삶아 찬물에 헹구고 짜서 잘게 썬다. 기름으로 볶아 간장으로 맛을 내어 먹는다.

③ 겨자 무침 – ②와 같이 삶아서 잘게 썰어 겨자와 간장으로 잘 무친다.

④ 깨 무침 – 삶아서 잘게 썰어 깨 · 간장 · 미림이나 꿀로 무친다.

약으로서의 사용법

사용하는 부분 : 전초(잎 · 줄기 · 열매)

전초를 차전초(車前草), 열매를 차전자(車前子)라고 하며 민간약으로 많이 쓰여져 왔다. 전초는 꽃이삭이 나왔을 당시, 열매는 흑갈색의 과실이 상하 둘로 나뉘기 전의 것을 채취하여 햇볕에 건조시킨다. 생약도 이용한다.

① 기침 · 담 · 이뇨 · 시력향상 – 종자 10g을 2.5컵의 물에 넣어 약한 불로 반이 될 때까지 달여 이것을 하루량으로 하여 식전 또는 식후 3회로 나누어 먹는다. 소아는 반량을 달인다.

② 축농증 – 전초 15g, 쑥 5g을 3컵의 물에 넣어 ①과 같이 달여서 먹는다.

③ 위장병 · 관절염 – 전초 10~15g을 2.5컵의 물에 넣어 ①과 같이 달여서 먹는다.

④ 위염 – 전초 10g을 건조시킨 청대완두 10g과 혼합하여 2.5컵의 물에 ①과 같이 달여서 먹는다.

⑤ 임질 – 열매 5g, 하부茶 10g, 이질풀 10g, 꿀풀 10g을 3컵의 물에 넣어 ①과 같이 달여서 먹는다. 매일 계속하여 먹으면 효과가 있다.

 四六 두꺼비의 음식 질경이

"자, 구경하세요. 이 약을 말한다면 진중(陣中)고약 두꺼비 기름입니다. 이 두꺼비는 예사 두꺼비와는 아주 달라요. 저 북쪽 축파산(筑波山)의 기슭에서 질경이라는 녹초를 먹고 사는 사륙의 두꺼비, 사륙, 오륙은 어떻게 분간하느냐. 앞발의 발가락이 4개, 뒷발의 발가락이 6개, 합이 사륙의 두꺼비, 산중 깊이 들어가 잡은 이 두꺼비를 거울을 붙인 상자 속에 넣으면 이 두꺼비는 자기 모습이 거울에 비치는 것을 보고 놀라 뻘뻘 비지땀을 흘려요. 이것을 받아 21일간 천천히 끓인 것이 이 진중고약 두꺼비 기름."

질경이

겨우내 헐벗었던 산야가 바야흐로 푸른 초목으로 뒤덮이기 시작했다. 이때 우리들을 가장 반기는 것이 눈에 익숙한 주변의 풀들이 아닌가 한다. 이 중에서도 우리들 주변에서 가장 흔히 볼 수 있는 풀의 하나가 바로 "질경이"라고 할 수 있는데, 이 질경이가 우리 몸에 얼마나 좋은 산야채인지 모르는 사람들이 많아 안타깝다.

한방에서는 차전초(車前草)라고 부르며 성질이 달고 독이 없어 식용으로도 많이 쓰였는데, 요즘 돋아나는 여린 질경이잎을 나물로 무치면 그 맛과 효능이 다른 외래종 야채에 비할 바가 못된다. 그 약효도 다양하여 주로 비뇨생식기의 염증을 삭히는 작용, 소변을 잘 나가게 하는 작용, 기침을 멈추게 하는 작용, 눈을 맑게 하는 작용 등이 있다고 알려져 있다. 단, 약으로 쓸 경우엔 뿌리도 버리지 말고 같이 달여 먹어야 더 효과적이다. 서양에서도 "질경이 뿌리 세 쪽을 먹으면 한 가지 재난을 피하고, 네 쪽을 먹으면 다른 질병을 고쳐주며 그리고 여섯 쪽을 먹으면 온갖 고질병을 물러가게 한다."라고 말해 이 풀의 약효를 극찬했다.

질경이의 씨는 "차전자"라 불리며 많이 쓰이고 있는데, 주로 소변을 잘 나오게 하고 간기능을 활성화시키며 콜레스테롤과 혈당을 낮추어 주는 작용이 있다.

[세계일보] 2003-04-08

짚신나물

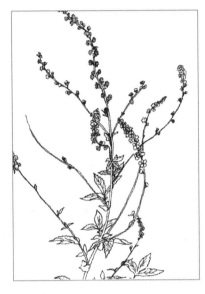

장미과
높이 : 30cm~1m
꽃 피는 시기 : 7~9월(여름~가을)

특징

① 전초에 가는 털이 있고 땅속줄기는 굵고 튼튼한 다년초다.

② 잎이 어릴 때에는 지상으로 뻗고 줄기가 하나 직립하여 가지를 낸다.

③ 잎은 날개형 쌍엽이고 서로 엇갈려 핀다. 크고 작은 잎들이 장타원형으로 끝이 뾰족하고, 가장자리에 톱모양의 깔쭉깔쭉함이 있다.

④ 여름에서 가을에 걸쳐 7~10mm의 다섯 꽃잎의 황색꽃이 줄기 끝에나 가지 끝에 이삭 모양으로 핀다.

⑤ 과실에는 갈고리 모양의 털이 있어, 동물의 몸에 붙어 먼 거리에 운반되어 번식한다.

＊ 길가나 야산 등에 널리 보인다.

맛있게 먹는 법

먹는 부분 : 어린 잎

이 짚신나물는 여뀌과의 이삭여뀌와는 다른 종류의 것이다. 다소 둔한 감이 있지만 많이 보이는 풀이기 때문에 여러 가지로 연구하여 먹으면 좋다.

① 튀김 – 씻어서 물기를 빼고 반죽을 묻혀 좀 바삭바삭하게 튀긴다.

② 기름 지짐 – 소금을 한 줌 넣은 끓는 물에 잘 삶아서 찬물에 헹구고 떫은 맛을 빼고 짠다. 적당한 크기로 썰어 기름으로 지져 간장 또는 된장으로 맛을 낸다.

③ 깨 무침 – 같은 방법으로 삶아 떫은 맛을 뺀 것을 잘게 썰어 깨 · 간장 · 미림이나 꿀로 무친다.

④ 겨자 무침 – ③과 같이 삶아 잘게 썰어서 겨자와 간장으로 무친다.

약으로서의 사용법

사용하는 부분 : 전초(잎 · 줄기 · 뿌리)

이 풀은 식용보다도, 약용으로서 많이 쓰이는 편이다. 여름에서 가을에 걸쳐 꽃이 필 때에 채취하고 햇볕에 건조 또는 그늘에서 말린다. 한방명은 '동아초(童牙草)'라고 쓰고 줄기 · 잎 · 뿌리에는 탄닌이 많아 수감작용(收歛作用)이 강하고 설사나 옻이 올랐을 때에 특효하다.

① 위장병 · 자궁출혈 · 임질 – 잘게 자란 전초 약 25g을 3컵의 물에 넣어 약한 불로 2/3량이 될 때까지 달여서 이것을 하루량으로 하여 3~4회 나누어 식전 또는 식후에 먹는다.

② 설사 · 지혈 – 잘게 썬 전초 약 25g을 2.5컵의 물에 넣어 약한 불로 반이 될 때까지 달여 하루 세 번 나누어 식전 또는 식후에 먹는다. 이질풀에 지지 않는 효과가 있다.

참마

마과
높이 : 1~2m
꽃 피는 시기 : 8월(여름)

특징

① 별명을 자연서(自然薯)라고 하고 원주형의 굵은 뿌리가 땅속 깊이 자라는 다년초다.

② 녹색의 가는 덩굴이 되어 다른 곳에 휘감긴다.

③ 잎은 서로 마주보고 붙고(대생) 길이 5~10cm의 털이 없이 가늘고 긴 계란형으로 끝은 뾰족하고 줄기에 가까운 쪽은 하트형으로 광택이 있다.

④ 채아(다육질인 눈으로 지면에 떨어져 뿌리를 내린다)가 많이 붙어 이것에 의하여서도 번식한다.

⑤ 암수가 각각 다르고 여름에 가는 이삭형으로 백색 또는 백록색의 눈에 띄지 않는 꽃이 많이 핀다.

＊ 도처의 산야 · 숲 등에 서식한다.

맛있게 먹는 법

먹는 부분 : 뿌리·어린 잎·눈

참마라고 하여 재배품이 나돌고 있는데 진짜 참마는 이것을 잘 파내기 위하여는 프로급의 기술이 필요하다. 지상부가 시드는 늦가을에 판 것이 굵고 영양가도 높고 맛도 최고다.

① 참마의 맑은 요리 – 잔뿌리를 다듬어 깨끗이 씻어 절구 가장자리에 갈아 맛을 내서 다시마 국물을 가하여 만든다. 뜨거운 보리밥에 쳐서 먹는다.

② 초간장 요리 – 3~4cm길이로 길게 잘라 초와 간장을 쳐서 먹는다. 이때 김으로 몇 개 뭉쳐 말든가, 잘게 비빈 김을 쳐서 먹어도 좋다.

③ 튀김 – 둥글게 잘라 반죽을 묻혀 튀긴다. 연한 잎도 뒷면에만 묻혀 바삭바삭하게 튀긴다.

④ 겨자 무침 – 가능한 한 어린 잎을 모아 소금을 한 줌 넣은 끓는 물에 살짝 데쳐 찬 물에 식혀 물기를 빼고 적당한 크기로 썰어, 겨자와 간장으로 무친다.

⑤ 국의 건데기 – 뿌리·어린 잎 다 사용한다. 뿌리는 옆으로 고리 모양으로 썰어 물에 익혀 된장국 건데기로 잎은 삶아 잘게 썰어 된장국, 맨장국의 건데기로 한다.

약으로서의 사용법

사용하는 부분 : 뿌리

가을에 지상부의 덩굴이 시들 때가 성분적으로 가장 우수한 것이 되기 때문에 이때에 파내서 날것대로 혹은 외피를 벗겨 햇볕에 충분히 건조시켜 사용한다. 야생의 참마 '자연서'에 대하여 재배품을 '장서(長薯)'라고 하고 한방에서는 이들을 건조시킨 것을 '산약' 또는 '서예(薯預)'라고 부르고 자양강장의 목적으로 사용한다.

① 자양강장 – 날것을 그대로 갈든가, 여러 가지로 조리하여 먹는다. 건조시킨 것을 가루로 하여 먹어도 효과가 있다. 달일 때에는 건조시킨 것 5~10g을 2컵의 물에 넣어 약한 불로 반이 될 때까지 졸여 1일 2~3회

식전 또는 식후에 먹는다.

② 기침 – 심한 기침에는 날것을 갈아 흑설탕으로 감미를 내어 끓는 물에
부어 뜨거울 때 불면서 먹는다.

 참마 눈의 이용

그대로 소금물에 삶아 차에 곁들인다. 또 밥에 넣고 지어 참마 눈밥으로 하여도
좋다.

날 것 그대로 알파전분

참마의 전분은 쌀이나 고구마 등과 달라 날 것 그대로 이미 알파전분이라는 소화
가 잘되는 전분이다. 가까이에 있고, 매우 약효가 좋은 야생 식물의 하나라고 할
수 있을 것이다.

청미래덩굴

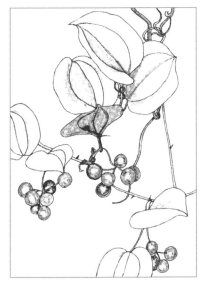

백합과
높이 : 50cm~2m
꽃 피는 시기 : 4월(봄)

특징

① 가지는 녹색으로 덩굴성이다. 다른 지탱물에 감기거나 때로는 곧게 뻗고, 곳곳에 가시가 있다.

② 잎은 길이 3~12cm의 타원형으로 미끈미끈하여 광택이 있고 잎의 일부가 변화하여 덩굴손이 나온다.

③ 암수나무가 다르며 봄에 담황색의 눈에 띄지 않는 꽃이 수개 방사형으로 핀다. 가을에 직경 7~9mm의 빨간 구형의 열매가 달린다.

✻ 평지 또는 산지, 숲 등에서 자란다.

맛있게 먹는 법

먹는 부분 : 덩굴 끝 · 어린 눈 · 어린 잎

5월 5일 단오날에 만드는 떡갈나무 떡은 일반적으로 밤나무과의 떡갈나무 잎을 사용하나, 이 청미래덩굴의 큰잎을 뜯어 사용하는 지방도 꽤 많다. 어릴 때 이 잎을 둘둘 말아 풀피리를 만들어 삐 - 삐 - 불면서 놀던 추억이 있는 사람도 있을 것이다.

① 나물 – 덩굴 끝, 어린 눈을 뜯어 소금 한 줌을 넣은 끓는 물에 살짝 데쳐 물에 헹구어 물기를 빼고 적당한 크기로 썰어 가다랭이포, 김가루 등을 쳐서 간장으로 맛을 낸다.

② 마요네즈 무침 – ①과 같이 데친 것을 마요네즈(유정란 것이 좋음)로 무친다. 식성에 따라 겨자를 좀 넣는 것도 좋다.

③ 땅콩 무침 – 땅콩은 식칼로 잘게 으깨서 간장, 미림과 혼합하여 데쳐서 적당한 크기로 썬 덩굴 끝, 어린 눈과 무친다.

④ 기름 지짐 – ①과 같이 데쳐 적당한 크기로 썰어 기름으로 충분히 지져 된장과 미림으로 맛을 낸다. 된장은 조금 싱겁게 하는 것이 좋다.

⑤ 튀김 – 깨끗이 펴진 잎을 뜯어 양면에 묽은 반죽을 묻혀 약간 낮은 온도로 천천히 바삭바삭하게 튀긴다.

약으로서의 사용법

사용하는 부분 : 뿌리 · 잎 · 열매

10~11월경에 채취한다. 뿌리는 수염뿌리나 지상부를 떼어내고 씻어서 얇게 썰어 햇볕에 말린다. 잎도 같은 방법으로 말리고, 열매는 잘 익은 것을 사용한다.

① 매독 · 임질 – 근경 20g을 2.5컵의 물에 넣어 약한 불로 약 반이 되게 달여 이것을 하루량으로 하여 식전 또는 식후에 먹는다.

② 부기 – 열매를 질그릇에 넣어 검게 쪄서 좋은 참기름에 질척하게 개어 환부에 바른다.

③ 여드름 – 뿌리 10g을 삼백초 15g, 하부차 20g과 같이 달여 매일 계속 마신다.

④ 감기 – 잎 10g을 2컵의 물에 넣어 약한 불로 약 반이 될 때까지 달여 이것을 하루량으로 하여 식전 또는 식후에 먹는다. 뜨거운 것을 먹으면 특히 효과가 있다.

 청미래덩굴 茶
굳어진 잎은 일단 쪄서 건조시켜 후라이팬으로 볶아서 차로 한다.

표선면 백약이 오름

예부터 100가지 약초가 자란다는 오름 '백약이'. 이번 주엔 백약이 오름으로 가서 솟아오르는 약초들을 만나보자. 오랫동안 목장으로 사용했기 때문에 많이 사라졌지만 아직도 남아 있는 약초들이 오름 나그네들을 반길 것이다.

남제주군 표선면 성읍리 산 1번지에 자리한 표고 356.9m, 비고 132m, 둘레 3124m의 백약이 오름은 동부관광도로로 대천동사거리를 지나 왼쪽 성읍2리 마을을 통해 '넓은목장' 정문으로 들어가, 축사와 관리사를 거쳐 양쪽에 삼나무가 심어진 길을 넘었을 때 왼쪽에 보이는 오름이다. 시멘트 포장길이 세 군데로 나눠지는 곳에 이르면 왼쪽 길을 택해 목장 문으로 들어가면 쉽게 오를 수 있다. 동검은오름에서 문석이오름을 거쳐 갈 수도 있다. 고사리를 꺾으며 정상에 오르면 올림픽경기장 못지않은 움푹 파인 굼부리가 눈앞에 펼쳐진다. 오른쪽으로 한 바퀴 돌면서 여러 가지 약초를 만나보자. 이 곳에 자라는 쑥 한 줌, 도라지 한 뿌리에도 뛰어난 효험이 뒤따른다고 한다.

한창 솟아오르는 나무와 풀을 살피다 보면 인동덩굴, 청미래덩굴, 찔레나무, 계요등, 마, 댕댕이덩굴, 복분자, 으름덩굴, 칡 등 덩굴식물과 쑥, 익모초, 쇠무릎풀, 피뿌리풀, 도라지, 잔대, 병풀, 파리풀, 질경이, 꿀풀, 산부추, 딱지꽃 등 약초가 되는 식물을 찾을 수 있을 것이다. 지금쯤 볼록한 정상 주변에 피어 있을 진달래꽃 무더기가 눈에 선하다.

[제주일보] 2003-04-18

칡

콩과

높이 : 10~20m

꽃 피는 시기 : 7~9월(여름~가을)

특징

① 줄기가 굵고 대단히 튼튼하며 다른 곳에 휘감겨 자꾸 자라나는 덩굴성의 다년초다.

② 줄기에서 엇갈려 잎줄기가 나오고(호생), 그 끝에 잎이 3매 나뉘어 붙어있고 풀 전체에 잔털이 있다. 잎의 이면은 흰색을 띠고 바람에 불리우면 아름답다.

③ 꽃은 길이 18~20mm의 포도송이같이 피고, 나비형, 적갈색이고 독특한 감미가 나는 향기가 있다.

④ 굵고 크고 긴 뿌리는 전분질이 풍부하고 이것으로 갈분을 만든다.

＊ 들, 산의 비탈진 곳, 제방, 선로가 등의 햇볕이 잘 드는 곳에 자생한다.

맛있게 먹는 법

먹는 부분 : 어린 잎 · 꽃

번식력이 강한 풀로 산간을 뚫고 나가는 포장도로까지 기어나와 차에 치어 납짝해진 것을 보면, 하필 이런 곳까지 자라나지 않아도 좋을텐데 하고 생각할 정도다. 꽃에는 숨막힐듯한 냄새가 난다. 가을의 7초 중의 하나다.

① 튀김 – 덩굴 끝 가까운 곳의 크기 3cm 정도까지의 잎을 3매 붙은 채로 자른다. 씻어서 물기를 빼고 뒷면에 반죽을 묻혀 바삭바삭하게 튀긴다. 약간 큰 것은 하나씩 뜯어 둘둘 말아 이쑤시개로 꽂아 반죽을 묻혀 튀긴다.

② 절임 – 연한 덩굴 끝을 뜯어 겨된장 절임이나 소금에 절인다.

③ 꽃의 양념장 무침 – 꽃을 채취하여 충분히 삶아 수분을 없애고 초 · 소금 · 꿀로 무친다.

④ 꽃의 잠 – 꽃을 채취하여 냄비에 물을 끓여 꽃을 넣고 꿀과 약간의 소금을 넣고 조린다.

⑤ 갈분의 요리(갈분탕, 갈분떡, 각종의 갈분을 얹은 요리 등) – 갈분탕은 꿀을 넣어 간식으로 하여 추운 겨울에 먹으면 건강에도 좋고 몸이 따뜻하여진다.

약으로서의 사용법

사용하는 부분 : 뿌리 · 꽃

뿌리는 가을에서 겨울에 걸쳐 채취하여 외피를 벗겨내고 주사위형 · 판형으로 잘라 햇볕에 잘 건조시킨다. 이것을 '갈근'이라고 한다. 꽃은 봉오리 때에 채취하여 같은 방법으로 건조시킨다. 덩굴이 나는 뿌리 밑은 유독하기 때문에 쓰지 않는다.

① 감기 · 적리 · 초기의 결막염 · 각막염 · 중이염 · 축농증 · 천식 · 신경통 · 류마티스 – 특히 감기는 몸이 으스스하여 오한이 나고 목덜미부터 어깨나 등에 걸쳐 뻐근하다는 등 시초에 유효하다. 갈근탕을 2.5컵의 물에 넣어 약한 불로 약 반으로 될 때까지 달여 이것을 하루량으로 하

여 식전 또는 식후에 먹는다.

② 숙취 - 꽃 40g을 360cc(2홉)의 물에 넣어 ①과 같이 달여 먹는다.

③ 보온 · 설사 · 갈증 · 술중독 - 갈분을 물에 풀고 끓여 반투명이 될 때까지 저어 갈분탕을 만들어 이것을 마신다.

※ 갈근에서 취한 것이 진짜 갈분이다. 갈분이라고 하여 시판되고 있는 대부분은 고구마류의 전분으로 약효는 없다. 잎은 단백질이 풍부하고 꽃에도 전분이 많고 섬유는 튼튼하여 천을 짤 수도 있다.

※ 갈근탕의 처방 - 갈근 8g, 마황, 생강, 대추 각 4g, 계지 · 작약 각 3g, 감초 2g

※ 갈분의 제조법 - 뿌리를 절구로 찧어서 으깨어 물로 전분을 주물러 내고 포대에 넣어 짜서 찌꺼기와 나눈다. 이것을 되풀이하여 침전물을 모아 건조시킨다.

털머위

국화과
높이 : 30~80cm
꽃 피는 시기 : 10~12월(가을~겨울)

특징

① 근경은 굵고 비스듬히 뻗고 머위를 닮은 긴줄기가 있는 잎이 몇 개 다
　발이 되어 나는 다년초다.

② 잎은 모양이 머위를 닮았으나 진한 녹색으로 두껍고 광택이 있다. 가
　장자리는 둔하고 깔쭉깔쭉하게 되어 있다.

③ 잎줄기는 속이 차있고, 꺾으면 점액이 나온다.

④ 꽃줄기는 원주형으로 곧게 자라고 끝에 몇 개의 가지가 나와 가을에서
　겨울에 걸쳐 직경 4~5cm, 꽃잎 10~13매(꽃잎은 하나하나가 독립된
　꽃)가 붙는다. 꽃줄기에는 백색 면모가 있다.

⑤ 과실은 길이 5~6mm의 원추형이고 전체에 털이 밀생하였다.

＊ 산골짜기, 숲 등 뜰에 많이 이식되는 풀이다.

맛있게 먹는 법

먹는 부분 : 줄기

가라로(枷羅蕗)는 조림 요리다. 보통 머위로 만드는데 진짜 가라로는 이

털머위를 재료로 쓴다고 한다.

① 조림 – 줄기를 잘라 머위와 같은 요령으로 껍질을 벗기고 소금을 한 줌 넣은 끓는 물로 잘 삶아 찬물에 헹구어 떫은 맛을 빼, 4~5cm의 길이로 자르고, 다시마 국물로 조려, 간장과 미림으로 담백하게 조린다.

② 기름된장 볶음 – ①과 같이 처리한 것을 2~3cm의 길이로 잘라 기름으로 잘 볶는다. 된장을 미림으로 풀어 무친다. 다 될 때 임박해서 깨를 뿌린다.

③ 초된장 무침 – ①과 같이 삶아 잘게 썬 것을 초·된장·미림으로 무친다.

④ 흰 무침 – 같은 방법으로 잘게 썰어 물기를 없앤 두부와 깨·간장·미림으로 무친다.

⑤ 조림 – 삶아서 잘게 잘라, 다시마 국물, 간장, 미림으로 국물이 없어질 때까지 조린다.

⑥ 소금 절임 – 껍질을 벗겨 날 것을 소금을 충분히 뿌려 저린다.

약으로서의 사용법

사용하는 부분 : 잎

특별히 조제할 필요는 없다. 필요한 때에 채취하여 생엽 그대로 사용한다.

① 종기·화상·습진·유방염·타박상 – 생엽을 불에 쬐어 비벼 연하게 하여 얇은 껍질을 벗겨 환부에 바른다. 1일 2~3회 갈아준다. 상처를 벗어나지 않게 붕대로 감는 것이 좋다.

② 어류중독·해열 – 생 잎줄기를 짜서 그 즙을 잔으로 2~3잔 마신다. 복어나 가다랭이 중독에도 효과적이다.

③ 치통·벌레 물림 – 생엽을 비벼 그 즙을 환부에 붙인다.

털머위의 번식법

연중 반들반들하여 잎이 아름답고 10월경부터 피는 선황색의 꽃도 아름다운 털머위는 관상식물로서도 가정의 구급약초로서도 가치가 있는 것이다. 분주로 증식할 수 있는데 분주할 때는 잎을 1~2매 남기고, 나머지의 줄기·잎은 버린다. 뿌리의 상황에 따라 지상부를 조정하면 활착된다. 분주는 4월경이 최적이다.

파드득나물

미나리과
높이 : 30~80cm
꽃 피는 시기 : 6~8월(여름)

특징

① 향이 강한 다년초로 재배한 것이 시장에 많이 나와 있다.

② 줄기도 잎도 연하고 털이 없으며 녹색이고, 줄기(잎의) 끝에 난형(卵
形)인 3개의 잎이 나 있다. 아래쪽 잎일수록 줄기가 길다.

③ 여름에 줄기 끝에 원추형으로 수개의 가지가 나오고 그 끝에 백색의
작은 꽃이 수개 뭉쳐 핀다.

＊ 길가나 초지의 약간 습기가 찬 곳, 숲의 아래쪽 등에 자생한다.

맛있게 먹는 법

먹는 부분 : 어릴 때의 전초

일식 요리에 잘 쓰이는 재료의 하나로서 그 상쾌한 향과 맛은 우리들의
식욕을 높여 준다. 비타민C가 많고 칼슘 · 철 · 비타민A 등도 풍부한 야
채다. 가게에서는 재배한 것을 거의 연중 팔고 있다. 그러나 야생한 것이
훨씬 향이 강하고 맛이 좋기 때문에 뿌리째 몇 그루 캐다가 화분이나 나

무상자에 심으면 좋겠다.

① 나물 – 소금을 한 줌 넣은 끓는 물로 살짝 데쳐 찬물에 헹구어 짜고 3~4cm로 썰어 김가루·뱅어포·가다랭이포·간장 등을 쳐서 먹는다.

② 국 건데기 – 날 것으로 1cm 정도의 길이로 썰어 혹은 살짝 데쳐 뭉쳐서 끓는 된장국, 맨장국에 넣는다.

③ 깨무침 – 데쳐서 물로 식혀 적당한 크기로 썰어 깨·간장·미림 혹은 꿀을 넣어 무친다.

④ 튀김 – 잎·줄기·뿌리를 잘게 썰어 반죽을 씌워 튀긴다.

⑤ 뿌리의 기름 지짐 – 뿌리를 잘 씻어 적당한 크기로 잘라 기름으로 지져 된장으로 맛을 낸다.

약으로서의 사용법

사용하는 부분 : 전초

파드득나물은 식용으로서 아주 소량을 쓸 뿐으로 향과 색채에 좋은 효과를 낸다. 또 약 효과면에서도 소량이라도 계속 상용함으로써 그 효과가 기대된다.

① 건뇌·시력향상 – 파드득나물에는 신경계의 기능을 정상화하는 작용이 있다. 민간에서도 신경통이나 류마티스의 치료에 또 머리의 기능을 좋게 하기 위하여 많이 사용된다. 비타민A·C의 함량이 많기 때문에 피부의 대사를 활발하게 함과 동시에 눈동자를 아름답게 하고 시력을 향상시킨다.

② 빈혈·심장병 – 조혈을 촉진함과 동시에 혈액을 알칼리성으로 하여 순환을 원활하게 하기 때문에 빈혈이나 심장병 예방도 효과가 있다.

③ 불면증 – 신경의 흥분을 가라앉히기 때문에 초조감이 없어지고 편안하게 잘 수 있게 한다.

 메모 **천연의 파드득나물을 먹자**

일본 요리에는 빼놓을 수 없는 파드득나물도 일반적으로 먹게 된 것은 에도(江戶) 시대(도쿠가와 막부)부터였다. 이 파드득나물은 서너 종류가 있는데 대개가 전열 등을 사용하여 촉성재배가 된다. 농약이나 화학비료를 많이 써서 인공재배된 것이 아닌, 야산에 나가 생명력이 강하고 미네랄이나 비타민이 많은 천연의 것을 먹자.

춘곤증 퇴치 봄나물이 좋다

 봄햇살 아래 졸고 있는 고양이처럼 마냥 나른해지는 봄. 겨우내 신선한 채소의 섭취 부족으로 저항력이 약해진 우리 몸은 춘곤증을 느끼게 된다. 춘곤증의 해결사는 싱싱한 야채요리와 적당한 운동.

봄에 등장하는 야채들의 성분과 요리법을 알면 봄식탁이 한결 풍성해진다. 향긋한 봄나물로 쌈도 싸먹고, 찌개도 끓이고 새콤한 식초가 들어간 양념으로 무치기도 한다. 영양학자들은 비타민, 미네랄, 식물성 섬유 등이 풍부한 야채를 하루에 300g은 섭취해야 한다고 강조한다.

봄나물의 대명사인 달래와 냉이는 비타민C와 단백질, 무기질이 풍부한 알칼리성 식품. 달래는 살짝 데쳐 나물을 해먹거나 된장찌개 등에 넣으면 향미가 일품이다. 칼슘이 풍부한 냉이는 생으로 무쳐먹거나 국에 넣어도 맛있다. 봄에 나는 배추인 봄동은 비타민C, 섬유질, 칼슘, 철분 등의 영양소가 풍부하다. 배추보다 잎이 연해 겉절이를 하거나 물김치를 담가도 맛있다.

마디마디에 줄기가 나는 독특한 모양의 돌나물은 비타민이 풍부하다. 초고추장으로 양념해 나물을 무치거나 물김치를 담가 먹으면 좋다. 쑥은 무기질과 비타민 A, C가 풍부한 봄나물. 약재로 쓰일 만큼 우리 몸에 좋으며 국을 끓이거나 떡을 해 먹는다. 풋마늘은 마늘꽃의 줄기인 마늘종이 자라나기 전의 상태로 독특한 향이 입맛을 돋워 봄철 반찬거리로 제격이다.

특히 봄철에 입맛을 잃어 나타나는 식욕부진에는 향이 강한 샐러리, 파드득나물, 미나리, 땅두릅 등을 샐러드나 나물로 먹는다. 샐러리는 당근이나 사과와 함께 갈아 주스를 만들면 독특한 향이 엷어져 아침식사 대용으로도 적당하다. 또 고추냉이, 산초 등 매운맛이 강한 야채는 위액의 분비를 촉진하고 식욕을 증진시킨다. 풍성한 야채로 만든 초무침이나 드레싱을 뿌린 샐러드를 만들면 비타민C를 충분히 섭취할 수 있어 춘곤증도 이길 수 있다.

[경향신문] 2000-03-29

패랭이꽃

석죽과
높이 : 30cm~1m
꽃 피는 시기 : 7~10월(여름~가을)

특징

① 아름다운 미녀를 '대화패랭이꽃'이라고 부르는데 그 이름과 같이 가련하고 아름다운 꽃이 피는 다년초다.

② 줄기는 초록색이고 여러 줄기로 그루를 만들고 융기된 마디가 있다.

③ 잎은 길이 3~9cm의 가는 선모양이고 약간 흰색으로 마주 대하여 붙어 있다(대생). 기부는 줄기를 감싼다.

④ 여름에서 가을에 걸쳐 줄기의 정상이나 상부의 잎 밑에 직경 4~6cm의 카네이션을 한 겹으로 한 것 같은 핑크색의 꽃이 핀다.

＊ 산야의 햇볕이 좋은 초지, 강변, 자갈이 많은 제방 등에 자란다.

맛있게 먹는 법

먹는 부분 : 어린 잎

식용으로서는 그다지 쓰여지지 않으나 다음과 같은 식용법을 시험하여 보자.

① 기름 볶음 – 가능한 한 어린 잎을 뜯어 소금을 한 줌 넣은 끓는 물에 충분히 삶아 찬물에 헹군다. 물기를 짜서 기름으로 볶아 간장 또는 된장으로 맛을 낸다.

② 겨자 무침 – ①과 같이 삶아 떫은 맛을 뺀 것을 잘게 썰어 겨자와 간장으로 잘 무친다.

③ 튀김 – 씻어서 물기를 빼고, 전체에 반죽을 묻혀 약간 낮은 온도로 천천히 튀긴다.

약으로서의 사용법

사용하는 부분 : 종자

아름다운 핑크색의 꽃이 끝나면 길이 3~4cm의 원주형의 과실을 맺는다. 이것을 따서 통풍이 좋은 곳에서 충분히 건조시키면 깍지가 터져 2mm 정도의 둥글고 검은 종자가 튀어나온다. 이것을 한방에서는 '★구표(瞿麥)'라고 하여 염증을 없애는 작용과 이뇨작용이 있다. 단지 다량을 취하면 유산될 염려가 있기 때문에 임산부의 사용은 피한다.

① 임질·부종 – 종자 약 8g을 2.5컵의 물에 넣어 약한 불로 약 반정도 될 때까지 달여 이것을 하루량으로 하여 2~3번 식전 또는 식후에 마신다.

 패랭이꽃은 일본 여성을 상징

패랭이꽃은 일본 만엽(万葉)시대 때부터 친근하게 된 들꽃으로 가을의 7초 중의 하나다. 중국에서 도래한 당패랭이꽃에 대하여 재래종을 대화(야마또) 패랭이꽃으로 하여 언제부터인가 그 가련한 모습을 일본 여성의 상징으로 여기게 되었다.
패랭이꽃은 중국에서 도래한 관상용의 석죽과 같이 취급당하기도 한다. 또 가을의 7초 중의 하나라고 하지만 실제로는 초여름에 피기 시작하여 가을에는 시든다.

★ 한방의 팔정산이란 처방 속에는 '구표', '목통(으름덩굴의 덩굴)', '차전자(질경이의 종자)', '감초' 등 9종류의 생약이 배합되어 있어 임질·부종·변비 등에 쓰여져 큰 효과를 보고 있다.

향수란

국화과
높이 : 1~1.5m
꽃 피는 시기 : 8~9월(여름~가을)

특징

① 긴 땅속줄기를 뻗쳐 번식하는 다년초로 줄기는 곧게 자라고 가지가 많이 나 포기 모양이 된다.

② 잎은 마주하여 붙고(대생), 길이 10cm 전후의 타원형으로 3열로 되어 있고 가장자리는 예리하게 깔쭉깔쭉하다. 상부의 잎은 작아지고 분열되어 있지 않다.

③ 늦은 여름에 줄기 끝에 연한 홍자색의 작은 꽃이 뭉쳐 핀다.

④ 근경을 자라게 하여 번식한다. 전초는 비비든가 건조시키면 특유의 방향이 난다.

＊ 강가나 제방 등 햇볕이 잘 들고, 약간 습기 찬 곳에 자생한다.

약으로서의 사용법

사용하는 부분 : 전초(잎 · 줄기 · 꽃)

이 풀은 식용보다는 약용에 적합한 풀이다. 개화기의 8~9월경에 채취하여 햇볕에 잘 건조시킨다. 이것을 한방에서는 '난초'라고 하는데 향기가 있기 때문에 향초 · 수향이라고 불리운다. 난초에는 이뇨작용이 있어, 당뇨병에 의한 부증(浮症)이나 류마티스 · 황달 등에 효과가 있다. 옛날 무사들은 투구 속에 이 향수란을 넣어 두발의 냄새를 막기도 하고 말린 잎, 줄기를 향주머니에 넣어 이용하였다고 한다. 또한 머리를 감을 때도 썼다고 한다. 생엽도 이용된다.

① 부종 · 류마티스 · 황달 · 당뇨병 – 전초 20~30g을 잘게 자란 것을 2.5컵의 물에 넣어 약한 불로 약 반이 될 때까지 달여 이것을 하루량으로 하여 식전 또는 식후에 먹는다.

② 생리불순 · 산후의 부종 · 해열 – 전초를 ①과 같이 달여 먹는다.

③ 외상 · 종기 – 생잎을 잘 비벼 그 즙을 환부에 바른다. 하루 몇 번이라도 갈아 상처 · 부기가 가라앉을 때까지 계속한다.

④ 방취(防臭) – 털 마른 것은 향기가 있기 때문에 화장실 등의 방취제로써 혹은 욕용제로써 이용한다.

 향수란과 등골나물

> '싸리꽃, 참억새꽃, 칡꽃, 패랭이꽃, 마타리꽃 또 향수란, 도라지꽃'이라고 옛노래에 나오는 가을 7초의 하나인 향수란. 그러나 진짜 향수란은 잘 보이지 않는다. 8월도 늦게 가을의 야산에 담자색의 향수란을 꼭 닮은 꽃이 피어 있는 것은 거의가 등골나물인데 향수란은 강가의 제방 등에서 보이는데 비하여, 등골나물의 종류는 산지의 햇빛이 잘 드는 경사진 곳 등에 많이 나 있다. 등골나물이 향수란과 크게 다른 점은,
> a. 향수란과 달라 긴 지하경이 옆으로 뻗는 일이 없다.
> b. 줄기에는 단모(短毛)가 있어 껄끔거리고 자색의 반점이 있다.
> c. 잎은 똑같이 생겼고 향수란과 같이 3열되어 있지 않다.
> d. 풀 전체에 향이 없다라고 하는 점 등이다.

호장

마디풀과
높이 : 30cm~1.5m
꽃 피는 시기 : 7~10월(여름~가을)

특징

① 뿌리는 길고 땅 속을 통해 자라고 각 처에 눈이 나는 대형의 다년초다.

② 어린 줄기는 가는 죽순 모양이고 굵고 속은 비고 표면은 매끈매끈하고 홍자색 반점이 있으며 씹으면 강한 신맛이 난다.

③ 잎에는 무늬가 있고 잔털은 없으며 6~15cm의 타원형을 하고 서로 엇갈려 붙어 있다. 겨울철이 되면 시들어 줄기만 남는다.

④ 봄부터 여름에 걸쳐 작은 흰꽃이 가지 끝 등에 송이처럼 가득 핀다.

＊ 햇빛이 잘 드는 야산, 시냇가, 제방 등을 보호하기 위해 심을 때도 있다.

맛있게 먹는 법

먹는 부분 : 어린 잎, 어린 줄기

봄의 야산이나 제방에서 이 풀의 굵은 줄기를 뚝 꺾어서 신맛이 있는 즙을 빨아먹던 추억을 가진 사람도 많을 것이다. 수산이 많아서 생으로는 그다지 많이 먹지 않는 것이 좋을 것 같다.

① 소금 절임 – 잎이 아직 자라지 않고 줄기가 하나일 때에 꺾어 온다. 껍

질을 벗기고 적당한 길이로 잘라 소금을 뿌리고 무거운 돌을 올려놓아 절이고 적당한 시기에 소금기를 빼고 먹는다. 잘게 잘라서 즉석에서 절여 먹어도 맛이 있다.

② 튀김 – 연한 잎을 따서 물기를 없애고 양면에 반죽을 묻혀 바삭바삭하게 튀긴다.

③ 기름 지짐 – 어린 잎을 더운 물로 살짝 데쳐 물에 헹구어 떫은 맛을 없애고 물기를 짜서 적당한 크기로 잘라 기름으로 지진다. 소금 · 후추 · 된장 · 간장 등 기호에 따라 맛을 낸다.

④ ★ 납두(納豆) 무침 – 줄기를 얇고 둥글게 썰어 소금으로 비벼서 납두와 무친다. 납두는 식칼로 거칠게 두드려서 간장과 이기면서 맛을 내 둔다.

약으로서의 사용법

사용하는 부분 : 뿌리

뿌리를 '호장근' 이라고 하여 햇빛으로 건조시키든가 ★ 검게 쪄서 구워 사용한다. 채취는 뿌리가 충실한 가을철이 가장 좋다.

① 이뇨 · 산후 부종 – 20g을 2.5컵의 물에 넣어 약한 불로 약반이 될 때까지 달여서 이것을 1일량으로 하여 식전 또는 식후에 나누어 먹는다.

② 변비 – 10~15g을 ①과 같이 달여서 이것을 1일량으로 하여 일단 식혀서 식전 또는 식후에 먹는다.

③ 기침 – 뿌리를 잘게 썬 것을 5g에 같은 양의 담죽의 잎을 가하여 감초를 소량 넣어 달여 식전 또는 식후에 먹는다.

④ 야뇨증 – 뿌리를 쪄서 검게 구운 것 2g을 1회량으로 하여 하루 두 번 식후에 먹는다.

 호장이란

호장은 나는 장소에 따라 대소의 변화가 크고 또 봄에 줄기가 쑥 나왔을 때와 여름에 꽃이 필 때와는 모양이 변하여, 다른 식물이 아닌가 하고 생각할 정도다. 호장에는 보통의 호장 외에 한랭지의 해안선에 가까운 산야에 나는 대형으로 높이가 3m나 되는 대호장, 伊豆七島産으로 있어 크고 광택이 있는 팔장(八丈) 호장 등이 있다.

★ 납두 : 푹 삶은 메주콩을 볏짚꾸러미 · 보자기 따위에 싸서 더운 방에서 띄운 것
★ 검게 구운 것 : 동식물을 질그릇 따위에 넣어 검게 쪄서 구울 것

59가지 야생초 보고서

2판 1쇄 발행 · 2004년 1월 25일
2판 3쇄 발행 · 2007년 12월 5일

편 저 · 편 집 부
발행인 · 김 중 영
발행처 · 오성출판사

주소 · 서울시 영등포구 영등포동 6가 147-7
TEL · (02) 2635-5667~8
FAX · (02) 835-5550

출판등록 : 1973년 3월 2일 제13-27호
ISBN :   89-7336-411-1
ISBN : 978-89-7336-411-4
www.osungbook.com

값 9,500원